I0504178

LA AUTOBIOGRAFÍA DE

NIKOLA TESLA

MIS INVENCIONES

Publicado por primera vez en 1919, en varios números de la revista *Electrical Experimenter*

A la edad de 63 años, Tesla cuenta la historia de su vida creativa.

TRADUCIDO POR

MAURICIO CHAVES MESÉN

BIBLIOTECA DEL ÉXITO # 159

CONTENIDO

I. INFANCIA Y JUVENTUD

El desarrollo progresivo del ser humano es vitalmente dependiente de **la invención**, que es el producto más importante de su cerebro creativo. Su objetivo final es el dominio total de la mente sobre el mundo: lograr el aprovechamiento de las fuerzas de la naturaleza para satisfacer las necesidades humanas.

Esta es la difícil tarea del inventor, el cual es a menudo malentendido y no es recompensado. Pero encuentra una amplia compensación en el agradable ejercicio de sus poderes y en el saberse uno de esa clase excepcionalmente privilegiada sin la cual la humanidad hubiese perecido hace mucho tiempo en la amarga lucha contra los despiadados elementos.

Hablando por mi cuenta, ya yo he disfrutado de toda mi cuota de este placer exquisito, tanto que por muchos años mi vida fue poco menos que un éxtasis continuo.

Se me ha considerado y acreditado como uno de los más asiduos trabajadores, y quizá lo soy, si «pensar» es el equivalente de «trabajar», pues he dedicado a esto casi todas mis horas de vigilia. Pero si el trabajo se interpreta como un rendimiento definido en un tiempo específico de acuerdo con una regla rígida, entonces puedo ser el peor de los ociosos.

Todo esfuerzo por obligación exige un sacrificio de energía vital. Nunca pagué tal precio. Por el contrario, he prosperado en mis pensamientos.

Con el objetivo de hacer un relato pertinente y fiel de mis actividades en esta serie de artículos que se presentarán con la ayuda de los editores de la revista *Electrical Experimenter*, dirigidos principalmente a nuestros lectores jóvenes, debo repasar, aunque a regañadientes, las impresiones de mi juventud y los eventos y circunstancias que han sido fundamentales para determinar mi carrera.

Nuestros primeros esfuerzos son puramente instintivos, impulsos de una imaginación vívida e indisciplinada. A medida que envejecemos, la razón se afirma y nos hacemos cada vez más sistemáticos, actuando por diseño. Pero esos primeros impulsos, aunque no son inmediatamente productivos, son de los mejores momentos, y pueden dar forma a nuestros destinos. De hecho, ahora creo que, si los hubiese comprendido y cultivado, en vez de suprimirlos, habría agregado un valor sustancial a mi legado para el mundo.

Pero no fue sino hasta que alcancé mi madurez que comprendí que era un inventor.

Esto se debió a una serie de causas. En primer lugar, tenía un hermano dotado hasta un grado —y con un talento— extraordinario, uno de esos raros fenómenos de una mente que la investigación biológica no ha podido explicar. Su muerte prematura dejó desconsolados a mis padres.

Teníamos un caballo, un regalo de un amigo muy querido. Era un magnífico animal de raza árabe, que poseía una inteligencia casi humana y que era cuidado y consentido por toda la familia, pues una vez había salvado la vida de mi padre en notables circunstancias.

Una noche de invierno mi padre fue llamado a realizar un trabajo urgente y mientras cruzaba las montañas infestadas de lobos, el caballo se asustó y salió corriendo, arrojándolo violentamente al suelo.

El caballo llegó a casa sangrando y exhausto, pero después de sonar la alarma, de inmediato volvió a partir hacia el lugar. Antes de que el grupo de búsqueda hubiese avanzado mucho, se encontraron con mi padre, que había recuperado la conciencia y vuelto a montar, sin darse cuenta de que había estado inconsciente en la nieve durante varias horas.

Este mismo caballo fue responsable de las heridas de mi hermano, de las cuales murió. Fui testigo de la trágica escena y, aunque han transcurrido cincuenta y seis años desde entonces, mi impresión visual de ella no ha perdido nada de su fuerza.

El recuerdo de los logros de mi hermano hizo que cada uno de mis esfuerzos pareciera molesto en comparación. Todo lo que yo hacía que fuese meritorio, solo hacía que mis padres sintieran su pérdida más profundamente. Así que crecí con poca confianza en mí mismo; pero estaba lejos de ser considerado un niño tonto, a juzgar por un incidente del que todavía tengo un fuerte recuerdo.

Un día, los concejales del pueblo pasaban por una calle donde yo jugaba con otros niños. El mayor de estos venerables caballeros, un ciudadano adinerado, hizo una pausa para darnos una moneda a cada uno de nosotros.

Viniendo a mí, de repente se detuvo y me ordenó: «Mírame a los ojos».

Así que lo miré, con mi mano extendida para recibir la muy valorada moneda, cuando, para mi consternación, me dijo: «No, no te voy a dar ni mucho ni nada, eres demasiado inteligente».

Solían contar una historia divertida sobre mí. Tenía dos tías, con caras arrugadas, y una de ellas tenía dos dientes salidos como colmillos de elefante, que hundía en mi mejilla cada vez que me daba un beso. ¡Nada me asustaba más que la perspectiva de ser abrazado por estas parientes tan afectuosas como poco atractivas! Un día, mientras mi madre me cargaba en brazos, me preguntaron cuál de las dos era la más bonita. Después de examinar sus caras atentamente, respondí pensativo, señalando a una de ellas: «Tú no eres tan fea como la otra».

Por otra parte, de nacimiento estaba «destinado» para la profesión clerical y este pensamiento me oprimía constantemente. Yo quería ser ingeniero, pero mi padre era inflexible. Era hijo de un oficial que sirvió en el ejército del gran Napoleón y, en común con su hermano, profesor de matemáticas en una institución prominente, había recibido una educación militar, pero, cosa singular, más tarde abrazó al clero en cuya vocación alcanzó la eminencia.

Era un hombre muy culto, un verdadero filósofo natural, poeta y escritor, y se decía que sus sermones eran tan elocuentes como los de Abraham a Santa Clara. Tenía una memoria prodigiosa y con frecuencia recitaba grandes fragmentos de obras en varios idiomas. A menudo comentaba, en broma, que, si algunos de los clásicos se perdían, él podría restaurarlos.

Su estilo de escritura era muy admirado. Escribía frases breves y sucintas, pero llenas de ingenio y sátira. Las observaciones humorísticas que hacía eran siempre peculiares y características.

Solo para ilustrar, puedo mencionar una o dos instancias.

Entre nuestros sirvientes había un hombre bizco llamado Mane, empleado para trabajar en la granja. Un día estaba cortando leña. Mientras balanceaba el hacha, mi padre, que estaba cerca y se sentía muy incómodo, le advirtió: «Por el amor de Dios, Mane, no le pegues con esa hacha a lo que estás mirando, ¡sino a lo que quieres pegarle!».

En otra ocasión sacó a dar un paseo a un amigo que descuidadamente permitió que su costoso abrigo de piel frotara la rueda del carruaje. Mi padre le indicó lo que pasaba, diciéndole: «Ponte el abrigo, estás arruinando mi llanta».

Tenía la extraña costumbre de hablar consigo mismo y, a menudo, sostenía animadas conversaciones y se entregaba a acaloradas discusiones, cambiando el tono de su voz. Un oyente casual podría haber jurado que había varias personas en la habitación.

Aunque debo rastrear mi capacidad inventiva a la influencia de mi madre, la educación que mi padre me brindó debe haber sido útil. Esta comprendió todo tipo de ejercicios, —como adivinar los pensamientos de los demás, descubrir los defectos de alguna forma o expresión, repetir largas oraciones o realizar cálculos mentales—. Estas lecciones diarias tenían el propósito de fortalecer la memoria y el razonamiento, y, especialmente, desarrollar el sentido crítico, y sin duda fueron muy beneficiosas.

Mi madre descendía de una de las familias más antiguas del país y de un linaje de inventores. Tanto su padre como su abuelo dieron origen a numerosos implementos para el hogar, la agricultura y otros usos. Ella era una mujer verdaderamente grandiosa, de rara habilidad, valor y fortaleza, que había soportado las tormentas de la vida y había pasado muchas duras experiencias.

Cuando tenía dieciséis años, una virulenta peste barrió el país. Su padre fue llamado a administrar los últimos sacramentos a los moribundos, y durante su ausencia ella fue sola a asistir a una familia vecina, golpeada por la terrible enfermedad. Todos los miembros, cinco en total, sucumbieron en rápida sucesión. Ella bañó, vistió y tendió los cuerpos, decorándolos con flores según la costumbre del país y cuando su padre regresó encontró todo listo para un entierro cristiano.

Mi madre era una inventora de primer orden y, creo que hubiese logrado grandes cosas si no hubiese estado tan alejada de la vida moderna y sus múltiples oportunidades. Inventó y construyó todo tipo de herramientas y dispositivos; y tejió los mejores diseños con hilo que ella misma fabricaba: ella misma plantaba las semillas, cuidaba las plantas y separaba las fibras. Trabajaba infatigablemente, desde la salida del sol hasta muy tarde, y la mayoría de las prendas de vestir y el mobiliario de la casa fueron producto de sus manos. Cuando tenía más de sesenta años, sus dedos todavía eran lo suficientemente ágiles como para hacerle tres nudos a una pestaña.

Hubo otra —y aún más importante— razón para mi tardío despertar. En mi infancia, sufrí de una peculiar aflicción, debida a la aparición de imágenes, a menudo acompañadas de fuertes destellos de luz, que estropeaban la visión de objetos reales e interferían con mis pensamientos y mis acciones. Eran imágenes de cosas y escenas que había visto realmente, nunca de cosas que había imaginado.

Cuando se me decía una palabra, la imagen del objeto que designaba se presentaba vívidamente ante mis ojos y, a veces, era completamente incapaz de distinguir si lo que veía era tangible o no. Esto me causó gran incomodidad y ansiedad.

Ninguno de los estudiantes de psicología o fisiología a quienes he consultado ha podido nunca explicar de manera satisfactoria estos fenómenos. Parecen haber sido únicos, aunque posiblemente yo estaba predispuesto a ellos, porque sé que mi hermano experimentó un trastorno similar.

La teoría que he formulado es que las imágenes eran el resultado de una acción refleja del cerebro en la retina, ante momentos de gran excitación. Ciertamente no eran alucinaciones, como las que se producen en mentes enfermas y angustiadas, porque en otros aspectos yo era un niño normal y sereno.

Para dar una idea de mi angustia, supongamos que había asistido a un funeral o algún otro espectáculo desgarrador de este tipo. Entonces, inevitablemente, en la quietud de la noche, una vívida imagen de la escena se presentaba ante mis ojos, y persistía, a pesar de todos mis esfuerzos por hacerla desaparecer. A veces se quedaba como fija en el espacio, aunque yo tratara de quitarla con la mano.

Si mi explicación es correcta, uno debería poder proyectar en una pantalla la imagen de cualquier objeto que uno concibe y hacerlo visible. Tal avance revolucionaría todas las relaciones humanas. Estoy convencido de que esta maravilla puede lograrse en el futuro. Debo agregar que he dedicado mucho tiempo en pensar en la solución de este problema.

Para liberarme de estas torturantes apariciones, tenía que concentrar mi mente en alguna otra cosa que había visto, y de esta manera, a menudo obtenía alivio temporal; pero para conseguirlo tenía que conjurar continuamente nuevas imágenes.

No pasó mucho tiempo antes de que descubriese que había agotado todas las imágenes de que disponía; mi «carrete» se había agotado, por así decirlo, pues era muy poco lo que conocía y había visto del mundo —solo objetos en mi casa y en el entorno inmediato—.

En cuanto realizaba estas operaciones mentales por segunda o tercera vez —con el fin de tratar de eliminar estas apariciones de mi visión—, el remedio perdió progresivamente toda su fuerza.

Entonces instintivamente comencé a hacer excursiones más allá de los límites del pequeño mundo del que tenía conocimiento, y vi nuevas escenas. Estas al principio eran muy borrosas e indistintas, y se disipaban cuando trataba de concentrar mi atención en ellas, pero poco a poco logré fijarlas; ganaron en fuerza y distinción y finalmente asumieron la concreción de las cosas reales.

Pronto descubrí que mi mejor consuelo se alcanzaba si simplemente iba más y más lejos en mi visión, obteniendo nuevas impresiones todo el tiempo, y entonces comencé a viajar —por supuesto, solo en mi mente—.

Todas las noches (y algunas veces durante el día), cuando estaba solo, comenzaba mis viajes, veía nuevos lugares, ciudades y países, vivía allí, conocía gente y hacía amistades, y aunque fuera increíble, es un hecho que aquellas personas de mis «viajes» me resultaban tan queridas como aquellas en la vida real, y que no eran menos intensas en sus manifestaciones.

Esto lo hice constantemente hasta que tuve unos diecisiete años.

Fue entonces que mis pensamientos se dirigieron seriamente hacia la invención. Entonces noté con gran placer que podía visualizar con mucha facilidad. No necesitaba modelos, dibujos o experimentos. Podía imaginar todo en mi mente.

Por lo tanto, inconscientemente evolucioné lo que considero un nuevo método para materializar conceptos e ideas inventivos, que es radicalmente opuesto a lo puramente experimental y, que, en mi opinión, es mucho más expedito y eficiente.

En el momento en que uno construye un dispositivo para llevar a la práctica «una idea cruda», se encuentra inevitablemente enmarañado con los detalles y defectos del aparato. A medida que uno va mejorándolo y reconstruyéndolo, su fuerza de concentración disminuye y pierde de vista el gran principio subyacente. Los resultados pueden finalmente obtenerse, pero siempre sacrificando la calidad.

Mi método es diferente. No me apresuro en el «trabajo real». Cuando tengo una idea, comienzo a construirla en mi imaginación. Cambio la construcción, hago mejoras y hago funcionar el dispositivo en mi mente. Para mí es absolutamente irrelevante si hago funcionar la turbina en mi mente, o si la pruebo en mi laboratorio. Incluso noto si está fuera de balance. No hay diferencia alguna: los resultados son los mismos. De esta forma, puedo desarrollar rápidamente y perfeccionar un diseño sin tocar nada. Cuando finalmente he llegado al punto en el cual he incorporado en la invención toda posible mejora, y por más que pienso ya no veo falla alguna en ninguna parte, es cuando pongo en «forma concreta» este producto final de mi mente.

Invariablemente mi dispositivo funciona como concebí que debería, y el experimento sale exactamente como lo planeé. En veinte años no ha habido una sola excepción. ¿Por qué debería ser de otra manera? La ingeniería, tanto eléctrica como mecánica, es positiva en los resultados. Escasamente existe algo que no pueda ser tratado matemáticamente, y cuyos efectos no puedan ser calculados o sus resultados determinados de antemano a partir de los datos teóricos y prácticos disponibles.

Opino que llevar a la práctica una idea cruda, como generalmente se hace, no es nada más que un desperdicio de energía, dinero y tiempo.

Mi aflicción temprana tuvo, sin embargo, otra compensación.

El incesante esfuerzo mental desarrolló mis poderes de observación y me permitió descubrir una verdad de gran importancia. Había notado que la aparición de las imágenes siempre estaba precedida por una visión real de escenas en condiciones peculiares y generalmente muy excepcionales, y me impulsaba en cada ocasión a localizar el impulso original.

Después de un tiempo, este esfuerzo se volvió casi automático y desarrollé una gran facilidad para conectar causa y efecto. Pronto me di cuenta, para mi sorpresa, de que cada pensamiento que concebía era sugerido por una impresión externa. No solo esto, sino que todas mis acciones eran provocadas de manera similar.

Con el paso del tiempo, me resultó perfectamente evidente que yo no era más que un autómata dotado de poder de movimiento, que respondía a los estímulos de los órganos de los sentidos, pensando y actuando en consecuencia. El resultado práctico de esto fue el arte de la «teleautomática», que hasta ahora se ha desarrollado solo de manera imperfecta. Sin embargo, eventualmente se mostrarán sus posibilidades latentes.[1]

Llevo años planificando autómatas autocontrolados y creo que se pueden producir mecanismos que actúen como si estuviesen dotados de razón, en un grado limitado, y que crearán una revolución en muchos departamentos comerciales e industriales.

Tenía alrededor de doce años cuando por primera vez tuve éxito en desterrar o eliminar una imagen de mi visión mediante un esfuerzo voluntario, pero nunca tuve control sobre los destellos de luz a los que me he referido. Fueron, tal vez, mi experiencia más extraña e inexplicable. Por lo general, ocurrían cuando me encontraba en una situación peligrosa o angustiante, o cuando estaba muy entusiasmado. En algunos casos, llegué a ver todo el aire a mi alrededor lleno de lenguas de fuego viviente.

Su intensidad, en lugar de disminuir, aumentó con el tiempo y aparentemente alcanzó un máximo cuando tenía unos veinticinco años. Mientras estaba en París, en 1883, un prominente fabricante francés me envió una invitación a una expedición de tiro, la cual acepté. Había estado confinado durante mucho tiempo a la fábrica, y el aire fresco tuvo en mí

---

[1] En los capítulos finales Tesla describe algunos experimentos increíbles con aparatos de control remoto hace más de un siglo, tecnología que lamentablemente quedó en el olvido por muchas décadas.

un efecto maravillosamente vigorizante. A mi regreso a la ciudad esa noche, tuve la sensación de que mi cerebro se había incendiado. Veía una luz, y era como si un pequeño sol estuviese dentro de mi cabeza. Pasé toda la noche aplicando compresas frías en mi torturada cabeza. Finalmente, los destellos disminuyeron en frecuencia y en fuerza, pero tomó más de tres semanas para que se calmaran por completo. Cuando se me extendió una segunda invitación, mi respuesta fue un enfático NO.

Estos fenómenos luminosos aún se manifiestan de vez en cuando, como cuando se me ocurre alguna nueva idea que abre nuevas posibilidades, pero ya no me resultan emocionantes, pues su intensidad ahora es relativamente pequeña. Cuando cierro los ojos observo primero, un fondo de un azul muy oscuro y uniforme, no muy diferente del cielo en una noche clara, pero sin estrellas. En unos pocos segundos, este campo se anima con innumerables hojuelas de un verde centelleante, dispuestas en varias capas que avanzan hacia mí. Luego aparece, a la derecha, un hermoso patrón de dos sistemas de líneas paralelas y estrechamente espaciadas, en ángulos rectos entre sí, en todo tipo de colores, predominando el amarillo y el verde. Inmediatamente después, las líneas se vuelven más brillantes y el conjunto es salpicado densamente con puntos de luz centelleante. Esta imagen se mueve lentamente a través del campo de visión y en unos diez segundos se desvanece a la izquierda, dejando atrás un campo de un gris más bien desagradable e inerte que rápidamente da paso a un mar ondulante de nubes, que parece estar tratando de moldearse en formas vivas.

Es curioso que no puedo proyectar una forma en este gris hasta que se alcanza esta segunda fase.

Cada vez, antes de conciliar el sueño, las imágenes de personas u objetos revolotean ante mi vista. Cuando los veo, sé que estoy a punto de perder el conocimiento. Si están ausentes y se niegan a venir, significa que tendré una noche de insomnio.

Hasta qué punto la imaginación jugó un papel en mis primeros años de vida, puedo ilustrarlo por otra experiencia extraña. Como a la mayoría de los niños, me gustaba saltar y desarrollé un intenso deseo de mantenerme en el aire, de volar.

Ocasionalmente, un fuerte viento cargado de oxígeno soplaba desde las montañas, lo que hacía que mi cuerpo fuese tan ligero como el corcho. Entonces yo saltaba y flotaba en el espacio durante mucho tiempo. Era una sensación deliciosa y mi decepción fue muy grande cuando más tarde me desengañé.

Durante ese período, contraje muchos gustos, disgustos y hábitos extraños, algunos de los cuales puedo rastrear a impresiones externas, mientras que otros son inexplicables. Tenía una aversión violenta a los aretes de las mujeres, pero otros adornos, como las pulseras, me agradaban más o menos según el diseño. Ver una perla casi me provocaba un ataque, pero me fascinaba el brillo de los cristales o los objetos con bordes filosos y superficies planas.

No tocaba el pelo de otras personas excepto, quizás, si me obligaban a punta de pistola. Me daba fiebre si veía un melocotón; y si en algún lugar de la casa colocaban un trozo de alcanfor, eso me causaba la mayor incomodidad. Incluso ahora todavía soy muy sensible a algunos de estos impulsos perturbadores.

Cuando dejo caer pequeños pedacitos de papel en un plato lleno de líquido, siempre siento un sabor peculiar y horrible en la boca. Contaba los pasos de mis caminatas y calculaba el contenido cúbico de platos de sopa, tazas de café y trozos de comida; de lo contrario, no disfrutaba mi comida.

Todos los actos u operaciones repetitivas que realizaba tenían que ser divisibles por tres y si perdía la cuenta, me sentía impulsado a hacerlo todo de nuevo, incluso si me tomaba horas.

Hasta la edad de ocho años, mi carácter era débil y vacilante. No tenía ni el valor ni la fuerza para formar una determinación firme. Mis sentimientos llegaban en olas y marejadas y vibraban sin cesar entre los extremos. Mis deseos tenían una fuerza que me consumía y, al igual que las cabezas de la hidra, se multiplicaban. Vivía oprimido por pensamientos de dolor —en la vida y en la muerte— y por el temor religioso. Fui influido por creencias supersticiosas y por eso viví mi infancia con un temor constante al espíritu del mal, a los fantasmas, a los ogros y a otros monstruos impíos de la oscuridad.

Entonces, de repente, vino un cambio tremendo que alteró el curso de toda mi existencia.

De todas las cosas, los libros eran lo que más me gustaba.

Mi padre tenía una gran biblioteca y cada vez que yo podía hacerlo, trataba de satisfacer mi pasión por la lectura. Él no lo permitía y se enfurecía cuando me atrapaba en el acto. Escondió las velas cuando descubrió que yo leía en secreto. No quería que arruinase mis ojos.

Sin embargo, conseguí un poco de sebo y lo moldeé en forma de vela, hice la mecha, y todas las noches tapaba el orificio de la cerradura y los espacios debajo de la puerta, y leía, a menudo hasta el amanecer, cuando todos los demás dormían y mi madre comenzaba su ardua tarea diaria.

En una ocasión me encontré con una novela titulada *Abafi* (El Hijo de Aba), una traducción serbia de un conocido escritor húngaro, Josika. Este trabajo de alguna manera despertó mis poderes latentes de voluntad y comencé a practicar el autocontrol. Al principio mis resoluciones se desvanecieron como la nieve en abril, pero al poco tiempo vencí mi debilidad y sentí un placer que nunca antes había experimentado: el de hacer según mi voluntad.

Con el paso del tiempo, este vigoroso ejercicio mental se convirtió en una segunda naturaleza. Al principio, mis deseos tuvieron que ser sometidos, pero gradualmente «deseo» y «voluntad» se volvieron idénticos. Después de años de una disciplina tal, obtuve un dominio propio tan completo que llegué a jugar con pasiones que han significado la destrucción de algunos de los hombres más fuertes.

A cierta edad contraje una manía por el juego y las apuestas, lo que preocupaba mucho a mis padres. Sentarme en un juego de cartas era para mí la quintaesencia del placer.

Mi padre llevaba una vida ejemplar y no podía excusar el gasto innecesario de tiempo y dinero al que me entregaba. Tenía una fuerte determinación, pero mi filosofía era mala. Yo le decía a mi padre: «Puedo parar cuando quiera, pero ¿vale la pena renunciar a algo que yo compararía con los placeres del Paraíso?»

Frecuentemente mi padre desahogaba su ira y su desprecio, pero mi madre era diferente. Ella entendía el carácter de los hombres y sabía que la salvación de uno solo puede lograrse a través de los propios esfuerzos.

Recuerdo una tarde. Había perdido todo mi dinero y estaba ansioso por jugar más. Ella vino con un fajo de billetes y me dijo: «Ve y disfruta. Entre más pronto pierdas todo lo que poseemos, mejor será. Sé que superarás esto».

Tenía razón. Conquisté mi pasión en ese momento y solo lamenté que esta pasión no hubiese sido cien veces más fuerte. No solo la vencí, sino que lo arranqué de mi corazón para no dejar ni siquiera un rastro de deseo. Desde entonces, he sido tan indiferente a cualquier forma de juego como lo soy a la manía de estarse tocando los dientes.

Durante otro período fumé en exceso, amenazando con arruinar mi salud. Entonces mi voluntad se afirmó a sí misma, y no solo me detuve sino que destruí toda inclinación.

Hace mucho tiempo sufrí un problema cardíaco hasta que descubrí que se debía a la inocente taza de café que consumía todas las mañanas. Lo descontinué de inmediato, aunque confieso que no fue una tarea fácil. De esta misma manera, puse un alto y reprimí otros hábitos y pasiones y no solo preservé mi vida sino que obtuve una inmensa satisfacción de lo que la mayoría considerarían privación y sacrificio.

Después de terminar los estudios en el Instituto Politécnico y la Universidad sufrí un colapso nervioso[2] total y mientras duró la enfermedad observé muchos fenómenos extraños e increíbles.

---

[2] Total nervous breakdown.

II. MIS PRIMEROS ESFUERZOS EN LA INVENCIÓN

Me detendré brevemente sobre estas experiencias extraordinarias, en virtud de su posible interés para los estudiantes de psicología y fisiología y también debido a este período de agonía fue de gran importancia para mi desarrollo mental y trabajos posteriores.

Sin embargo, resulta indispensable relatar primero las circunstancias y condiciones que los precedieron y en las que podría encontrarse su explicación parcial.

Desde la infancia, me vi obligado a concentrar la atención en mí mismo. Esto me causó mucho sufrimiento, pero, en mi opinión actual, fue una bendición disfrazada, ya que me enseñó a apreciar el valor inestimable de la introspección en la preservación de la vida, y como medio para alcanzar logros.

La presión de la ocupación y la corriente incesante de impresiones que fluyen en nuestra conciencia a través de todas las puertas del conocimiento hacen que la existencia moderna sea peligrosa de muchas maneras.

La mayoría de las personas están tan absortas en la contemplación del mundo exterior que son completamente ajenas a lo que está pasando dentro de sí mismas.

La muerte prematura de millones se debe principalmente a esta causa. Incluso entre quienes se cuidan, es un error común evitar lo imaginario e ignorar los peligros reales. Y lo que es cierto de un individuo también se aplica, más o menos, a un pueblo como un todo.

Como ilustración, propongo la prohibición en Estados Unidos. Una medida drástica, si no inconstitucional, se está aplicando en este país para evitar el consumo de alcohol y, sin embargo, es un hecho demostrado que el café, el té, el tabaco, el chicle y otros estimulantes, que se consumen libremente incluso desde tierna edad, son mucho más perjudiciales para el organismo, a juzgar por el número de aquellos que sucumben.

Así que, por ejemplo, durante mis años de estudiante, aprendí de los obituarios publicados en Viena —hogar de los bebedores de café—, que las muertes por problemas cardíacos a veces alcanzaban el sesenta y siete por ciento del total. Observaciones similares probablemente se hagan en ciudades donde el consumo de té es excesivo. Estas deliciosas bebidas sobreexcitan, y gradualmente agotan las finas fibras del cerebro. También interfieren gravemente con la circulación arterial y deben disfrutarse en forma moderada pues sus efectos nocivos son lentos e imperceptibles.

El tabaco, por otro lado, conduce a que la mente o el pensamiento tenga sentimientos «placenteros», lo cual disminuye la intensidad y concentración necesarias para todo esfuerzo original y vigoroso del intelecto.

Mascar chicle es útil durante un tiempo corto, pero pronto drena el sistema glandular e inflige daño irreparable, por no hablar de la repugnancia que crea.

El alcohol en pequeñas cantidades es un excelente tónico, pero su acción es tóxica cuando se lo absorbe en grandes cantidades, y es bastante inmaterial si se toma como whisky o si el estómago lo produce a partir del azúcar.

Pero no debe pasarse por alto que todos estos son los «grandes eliminadores», y que lo que están haciendo es asistir a la Naturaleza a defender su severa pero justa ley de la «supervivencia del más apto».

Los reformadores entusiastas también deberían ser conscientes y tener en cuenta la eterna perversidad de la humanidad que hace que el indiferente *laissez-faire* (dejar hacer) sea por mucho preferible a la restricción forzada.

La verdad sobre esto es que necesitamos estimulantes para hacer nuestro mejor trabajo bajo las condiciones actuales de vida, y que debemos ejercer moderación y controlar nuestros apetitos e inclinaciones en todas direcciones. Eso es lo que he estado haciendo durante muchos años, y de esta manera me he mantenido joven en cuerpo y mente. La abstinencia no siempre fue de mi agrado, pero encuentro gran recompensa en las agradables experiencias que ahora estoy viviendo.

Con la sola esperanza de convertir a algunos a mis preceptos y convicciones, voy a recordar aquí una o dos.

Hace poco tiempo volvía a mi hotel. Era una noche amargamente fría, el suelo estaba resbaladizo y no podía hallar un taxi. Media cuadra detrás venía otro hombre, evidentemente tan ansioso como yo por ponerse al abrigo del clima.

De repente, mis piernas se elevaron en el aire. En el mismo instante, hubo un destello en mi cerebro, los nervios respondieron y los músculos se contrajeron, giré 180 grados y aterricé en mis manos. Reanudé mi caminata como si nada hubiera sucedido, y entonces el extraño me alcanzó.

«¿Cuántos años tiene usted?» me preguntó, examinándome críticamente.

«Oh, unos cincuenta y nueve», respondí. «¿Por qué?»

«Bueno», dijo él, «He visto hacer esto a un gato, pero nunca a un hombre».

Hace como un mes quise hacerme anteojos nuevos y fui a un oculista que me sometió a las pruebas habituales. Me miró con incredulidad mientras leía con facilidad hasta las letras más pequeñas a considerable distancia. Cuando le dije que tenía más de sesenta años, se quedó sin aliento.

Mis amigos a menudo comentan que mis trajes me quedan como guantes, pero no saben que toda mi ropa está hecha con medidas que se tomaron hace casi 35 años y nunca cambiaron. Durante este mismo período, mi peso no ha variado ni en una libra.

En este sentido, puedo contar una historia divertida. Una noche, en el invierno de 1885, el Sr. Thomas Edison, Edward H. Johnson (presidente de Edison Illuminating Company), el Sr. Batchellor (gerente de la planta), y yo entramos en un pequeño lugar frente a 65 Fifth Avenue, donde se situaban las oficinas de la empresa.

Alguien sugirió adivinar los pesos de los demás, y me indujeron a pisar una balanza. Edison me palpó y dijo: «Tesla pesa 152 libras exactas», y lo calculó exactamente. Sin ropa yo pesaba 142 libras, y ese sigue siendo mi peso.

Le susurré al Sr. Johnson: «¿Cómo es posible que Edison pueda adivinar mi peso tan bien?».

«Bueno», dijo, bajando la voz. «Te lo diré, confidencialmente, pero no debes decir nada. ¡Durante mucho tiempo fue empleado de un matadero de Chicago donde pesaba miles de cerdos todos los días! Es por eso».

Mi amigo, el Honorable Chauncey M. Depew, cuenta de un inglés a quien él relató una de sus originales anécdotas. El inglés escuchó la broma con una expresión perpleja. Un año después, finalmente se rio a carcajadas de la historia.

Francamente confieso que me tomó más tiempo que eso el apreciar el chiste de Johnson.

Ahora bien, mi bienestar es simplemente el resultado de una forma de vida cuidadosa y mesurada, y quizá lo más asombroso es que tres veces en mi juventud la enfermedad me convirtió en un desastre físico irreparable, abandonado por los médicos.

Más que esto, por ignorancia y despreocupación, me metí en todo tipo de dificultades, peligros y predicamentos de los que me libraba como por encanto.

Casi me ahogué una docena de veces; una vez casi me hierven vivo, y apenas escapé de ser cremado. Fui sepultado, perdido y congelado. Escapé por un pelo del ataque de perros rabiosos, jabalíes y otros animales salvajes.

Pasé por terribles enfermedades y me topé con todo tipo de contratiempos extraños, y el hecho de que hoy sea sano y fuerte parece un milagro.

Pero cuando recuerdo estos incidentes en mi mente, estoy convencido de que mi preservación —el hecho de que sobreviviera— no fue completamente accidental.

La labor de un inventor es esencialmente la de salvar vidas. Ya sea que aproveche las fuerzas o energías, mejore los dispositivos o proporcione nuevas comodidades y bienestar, ayuda a sumar a la seguridad de nuestra existencia.

También está más calificado que el individuo promedio para protegerse a sí mismo en caso de peligro, ya que es observador e ingenioso. Si no tuviera otra evidencia de que yo poseía, en cierta medida, tales cualidades, lo encontraría en estas experiencias personales. El lector podrá juzgar por sí mismo si menciono una o dos instancias.

En una ocasión, cuando tenía unos 14 años, quería asustar a algunos amigos que se estaban bañando conmigo. Mi plan era bucear bajo una larga estructura flotante y deslizarme silenciosamente hasta el otro extremo. La natación y el buceo se me daban tan naturalmente como a un pato y estaba seguro de que podía realizar la hazaña.

En consecuencia, me lancé al agua y, cuando estuve fuera de la vista de mis amigos, me volví y procedí rápidamente hacia el lado opuesto. Pensando que ya estaba a salvo al otro lado de la estructura, traté de salir a la superficie, pero para mi consternación, golpeé una viga. Por supuesto, rápidamente buceé y avancé con golpes rápidos hasta que mi aliento ya comenzaba a ceder. Levantando por segunda vez mi cabeza, está volvió a impactar una viga. Ahora sí me estaba desesperando.

Sin embargo, evocando todas mis energías, hice un tercer intento frenético pero el resultado fue el mismo. La tortura de no poder respirar era cada vez más insoportable, mi cerebro cedía, y sentí que empezaba a hundirme.

En ese momento, cuando mi situación parecía absolutamente desesperada, experimenté uno de esos destellos de luz y la estructura que estaba sobre mí apareció en mi visión. Sea que discerní —o que adiviné— que había un pequeño espacio entre la superficie del agua y las tablas apoyadas sobre las vigas y, casi inconsciente, floté hacia arriba, presioné la boca contra las tablas y logré inhalar un poco de aire, que desafortunadamente se mezcló con un chorro de agua que casi me asfixió.

Varias veces repetí este procedimiento como en un sueño hasta que mi corazón, que palpitaba a un ritmo terrible, se tranquilizó y gané compostura. Después de eso hice varias inmersiones sin éxito, perdí por completo el sentido de la orientación, pero finalmente tuve éxito en salir de la trampa cuando mis amigos ya habían desistido de encontrarme vivo y ahora buscaban mi cuerpo.

Esa temporada veraniega quedó arruinada por mi imprudencia, pero pronto olvidé la lección y solo dos años después caí en un predicamento aún peor.

Había un gran molino de harina con una presa al otro lado del río, muy cerca de la ciudad donde estaba estudiando en ese momento. Como regla, la altura del agua era solo de dos o tres pulgadas sobre la presa y nadar hacia ella era un deporte que no era muy peligroso, y que practicaba a menudo. Un día fui solo al río para disfrutar como de costumbre. Sin embargo, cuando estaba a poca distancia de la mampostería, me horroricé al observar que el agua había subido y que me estaba llevando con rapidez. Traté de escapar, pero ya era demasiado tarde. Afortunadamente, sin embargo, me salvé de ser arrastrado agarrándome a la pared con ambas manos. La presión contra mi pecho era grande y apenas si podía mantener mi cabeza sobre la superficie. No había un alma a la vista y mi voz se perdía en el rugido de la caída.

Lenta y gradualmente me cansé, y, ya incapaz de soportar la tensión por más tiempo, y justo cuando estaba a punto de soltarme para ser arrojado contra las rocas de abajo, vi en un destello de luz un diagrama familiar que ilustraba el principio hidráulico de que la presión de un fluido en movimiento es proporcional al área expuesta, y automáticamente giré hacia mi lado izquierdo.

Como por arte de magia, la presión se redujo y me resultó comparativamente fácil resistir la fuerza de la corriente en esa posición.

Pero el peligro seguía latente. Sabía que tarde o temprano sería arrastrado corriente abajo, ya que no era posible que ninguna ayuda llegara a tiempo, incluso si lograba llamar la atención. Ahora soy ambidiestro, pero entonces era zurdo y tenía comparativamente poca fuerza en mi brazo derecho. Por esta razón, no me atrevía a girar al otro lado para descansar y lo único que me quedaba era empujar lentamente mi cuerpo a lo largo de la presa.

Tuve que alejarme del molino hacia el cual estaba volteada mi cara, ya que la corriente allí era mucho más rápida y profunda. Fue una larga y dolorosa situación, y estuve a punto de fracasar al final, porque me encontré con una depresión en el concreto. Logré, con la última onza de mi fuerza, salir de la presa, y al alcanzar la orilla me desmayé. Allí me encontraron. Me había desgarrado prácticamente toda la piel del lado izquierdo y pasaron varias semanas hasta que la fiebre desapareció y finalmente estuve bien.

Estas son solo dos de muchas instancias, pero pueden ser suficientes para mostrar que, de no haber sido por el instinto del inventor, no hubiera vivido para contar esta historia.

¿Cuándo comencé a inventar?

Algunas personas me han preguntado cómo y cuándo comencé a inventar.

Esto solo puedo responderlo a partir de mi recuerdo actual, a cuya luz, el primer intento que recuerdo fue bastante ambicioso, porque involucraba la invención de un aparato y un método. En el primero, alguien se me había anticipado, pero el último era original. Sucedió de esta manera:

Uno de mis compañeros de juego había entrado en posesión de un anzuelo y aparejos de pesca que crearon gran emoción en el pueblo, y la mañana siguiente todos fueron a atrapar ranas. Yo me quedé atrás, solo y abandonado, debido a que había tenido una pelea con este chico. Nunca había visto un anzuelo real, y me imaginaba que era algo maravilloso, dotado de cualidades peculiares, y estaba desesperado por no ser «parte de la fiesta».

Instigado por la necesidad, me hice de un trozo de alambre de hierro suave, golpeé el extremo de una punta afilada entre dos piedras, lo doblé y lo sujeté a una cuerda fuerte. Luego corté una vara, recogí un poco de cebo y bajé al arroyo donde abundaban las ranas. Pero no pude atrapar ninguna y casi me había desanimado, cuando se me ocurrió ondear el anzuelo vacío frente a una rana sentada en un tronco. Al principio la rana se desplomó, pero poco a poco sus ojos se hincharon y se enrojecieron, se hinchó hasta el doble de su tamaño normal e hizo un brusco chasquido en el anzuelo.

Inmediatamente levanté la rana. Probé lo mismo una y otra vez y el método resultó ser infalible. Cuando llegaron mis camaradas, quienes a pesar de sus excelentes herramientas no habían atrapado nada, se pusieron verdes de envidia.

Durante mucho tiempo mantuve mi secreto y disfruté del monopolio, pero finalmente cedí al espíritu de la Navidad. Ahora todo niño podía hacer lo mismo y el siguiente verano fue desastroso para las ranas.

En mi próximo intento, parezco haber actuado bajo el primer impulso instintivo que más adelante me dominó: poner las energías de la naturaleza al servicio de la humanidad.

Hice esto por medio de los abejones de mayo [3], o abejones de junio como se les llama en América, que eran una verdadera plaga en ese país y que a veces rompían las ramas de los árboles por el mero peso de sus cuerpos. Los arbustos se ponían negros por su cantidad. Yo ataba hasta cuatro de ellos a una cruceta dispuesta de forma giratoria en un delgado eje, y transmitía su movimiento a un disco grande, y así obtenía una considerable potencia. Estas criaturas eran notablemente eficientes, pues una vez que comenzaban no sabían cómo parar, y continuaban girando por horas y horas y cuanto más caliente se ponía más duro trabajaban.

Todo iba bien hasta que un chico extraño llegó al lugar. Él era hijo de un oficial retirado del ejército austríaco. Ese pilluelo comía abejones de mayo vivos y los disfrutaba como si fuesen las mejores ostras de Blue-Point, Nueva York. Esa repugnante escena terminó mis esfuerzos en este prometedor campo y desde entonces nunca he podido tocar un abejón de mayo ni ningún otro insecto.

----

[3] May-bugs *o Melolontha melolontha*

Después de eso, creo, me dediqué a desarmar y a volver a armar los relojes de mi abuelo. En la primera operación siempre tuve éxito, pero a menudo fallaba en la segunda.

Entonces mi abuelo detuvo mis trabajos repentinamente y de una manera poco delicada... ¡y pasaron treinta años antes de que volviera a intentar tocar otro mecanismo de relojería!

Poco después, comencé la fabricación de una especie de rifle de corchos (*pop-gun*) que comprendía un tubo hueco, un pistón y dos tapones de cáñamo. Al disparar el arma, el pistón era presionado contra el estómago y el tubo se empujaba hacia atrás rápidamente con ambas manos. El aire entre los tapones era comprimido y elevado a alta temperatura y uno de ellos era expulsado con una fuerte detonación.

El arte consistió en seleccionar un tubo de la conicidad adecuada entre los tallos huecos. Me fue muy bien con esa arma, pero mis «actividades» interfirieron con los cristales de nuestra casa y fueron «desalentadas» en forma dolorosa.

Si mal no recuerdo, entonces me dediqué a tallar espadas de pedazos de muebles que podía obtener. En ese momento estaba bajo la influencia de la poesía nacional serbia y lleno de admiración por las hazañas de los héroes. Solía pasar horas cortando a mis enemigos —en forma de tallos de maíz— lo cual arruinaba las cosechas. Obtuve por ello varios azotes de mi madre: azotes que no fueron del tipo más bien formal, sino, del tipo « genuino».

Todo esto fue antes de cumplir seis años de edad, y ya había asistido a un año de la escuela en el pueblo de Smiljan donde nací. En este momento nos mudamos a la pequeña y cercana ciudad de Gospic.

Este cambio de residencia fue una calamidad para mí.

Casi me rompió el corazón el tener que dejar a una parte de nuestras palomas, gallinas y ovejas, y nuestra magnífica bandada de gansos que solían elevarse a las nubes por la mañana y regresar de sus zonas de alimentación en el ocaso en una formación de batalla tan perfecto, que hubiese avergonzado a un escuadrón de los mejores aviadores de la actualidad.

En nuestra nueva casa estaba prisionero, mirando a personas extrañas a través de las persianas. Mi timidez era tal que hubiese preferido enfrentarme a un león rugiente que a alguno de los citadinos que paseaba por allí. Pero mi prueba más dura llegó el domingo cuando tuve que vestirme y asistir al servicio religioso. Allí me encontré con un accidente, que solo pensar en ello hizo que mi sangre se cuajara como leche mala aún muchos años después.

Aquella fue mi segunda aventura en una iglesia. Poco antes de eso, había sido sepultado por una noche en una antigua capilla en una montaña inaccesible que solo se visitaba una vez al año. Aquella fue una experiencia horrible. ¡Pero esta fue peor!

En la ciudad había una señora rica, una mujer buena pero pomposa, que solía venir a la iglesia magníficamente pintada y ataviada con una enorme cola en su vestido.

Un domingo, acababa de terminar de tocar la campana en el campanario y bajé corriendo las escaleras cuando esta gran señora estaba saliendo y me paré en la cola del vestido. La cola se arrancó con un ruido de rasgadura que sonó como una salva de mosquetes disparada por nuevos reclutas. Mi padre se puso furioso de rabia. Me dio una suave bofetada en la mejilla, el único castigo corporal que me administró en mi vida, pero que casi lo puedo sentir aún. La vergüenza y la confusión que siguieron son indescriptibles. Prácticamente fui condenado al ostracismo hasta que algo sucedió que me redimió en la estima de la comunidad.

Un joven comerciante emprendedor había organizado un departamento de bomberos. Se había comprado un nuevo camión de bomberos, y nuevos uniformes, y los bomberos habían practicado para el servicio y el desfile. La máquina de bomberos era, en realidad, una bomba que debía ser trabajada por dieciséis hombres y estaba hermosamente pintada de rojo y negro. Una tarde, se preparó el ensayo oficial, y la máquina fue transportada al río. Toda la población acudió a presenciar el gran espectáculo. Cuando todos los discursos y ceremonias concluyeron, se dio la orden de activar la bomba, pero ni una gota de agua salió de la boquilla. Los profesores y los expertos intentaron en vano localizar el problema. La confusión se completó cuando llegué a la escena. Mi conocimiento del mecanismo era nulo, y no sabía casi nada acerca de la presión del aire, pero instintivamente busqué la manguera de succión en el agua y descubrí que había colapsado. Cuando vadeé en el río y la abrí, el agua corrió ¡y no pocas ropas de domingo de los presentes se mojaron completamente!

Arquímedes corriendo desnudo por las calles de Siracusa y gritando «eureka» con toda la fuerza de su voz no causó una mayor impresión que yo. Fui llevado en hombros y me convertí en el héroe del día.

Una vez establecido en la ciudad comencé un curso de cuatro años en la llamada Escucla Normal preparatoria para mis estudios en el Colegio o Gimnasio Real.

Durante este período, mis esfuerzos y hazañas juveniles, lo mismo que mis problemas, continuaron. Entre otras cosas, logré la distinción única de ser el campeón nacional de «atrapar cuervos». Mi método de proceder era extremadamente simple. Iba al bosque, me escondía en los arbustos e imitaba la llamada del pájaro. Usualmente recibía varias respuestas y en poco tiempo un cuervo volaba hacia los arbustos cerca de mí. Después de eso, todo lo que necesitaba era lanzarle un trozo de cartón para distraer tu atención, saltar y agarrarlo antes de que pudiera desenredarse de la maleza. De esta manera capturaba todos los cuervos que quisiese.

Pero una vez sucedió algo que me hizo respetarlos. Había capturado un buen par de pájaros y volvía a casa con un amigo. Cuando dejamos el bosque, miles de cuervos se habían reunido haciendo un espantoso alboroto. En unos minutos comenzaron a perseguirnos, y pronto nos tenían rodeados. La diversión duró hasta que recibí un golpe en la parte posterior de mi cabeza que me derribó. Entonces me atacaron brutalmente. Me vi obligado a soltar las dos aves y finalmente pude reunirme con mi amigo que se había refugiado en una caverna.

En el aula había algunos modelos mecánicos que me interesaban. Yo centré mi atención en las turbinas de agua. Construí muchas de estas y encontré gran placer en su funcionamiento.

El siguiente incidente puede ilustrar qué tan extraordinaria era mi vida. Mi tío no encontraba ninguna utilidad a este tipo de pasatiempo y más de una vez me reprendió.

Yo estaba fascinado con una descripción de las Cataratas del Niágara que había visto, y en mi imaginación creé la imagen de una gran rueda activada por las cataratas. Le dije a mi tío que iría a Estados Unidos y llevaría a cabo este plan. Treinta años después, vi mis ideas en acción en las Cataratas del Niagara y me maravillé del misterio insondable de la mente.

Construí todo tipo de artefactos y artilugios, pero entre estos, las ballestas que produje eran las mejores. Cuando disparaba mis flechas desaparecían de la vista y disparadas de cerca podían atravesar un tablón de pino de una pulgada de espesor.

Como siempre tensaba los arcos de mis ballestas, desarrollé una piel en mi estómago como la de un cocodrilo ¡y me pregunto a menudo si es debido a este ejercicio ¡que ahora puedo digerir hasta piedras!

Tampoco puedo dejar de mencionar mis actuaciones con la honda o cabestrillo, que me habrían permitido hasta ofrecer una impresionante exhibición en el hipódromo.

Les contaré de una de mis hazañas con este antiguo implemento de guerra, que probará al máximo la credulidad del lector.

Estaba practicando mientras caminaba con mi tío a lo largo del río. El sol se estaba poniendo. Las truchas estaban juguetonas y de vez en cuando alguna saltaba por los aires, su cuerpo brillante claramente definido contra las rocas de atrás.

Por supuesto cualquier niño podría haber golpeado un pez en estas propicias condiciones, pero me propuse una tarea mucho más difícil y le dije a mi tío, hasta el más mínimo detalle, lo que pretendía hacer: tenía que lanzar una piedra contra un pez, la piedra llevaría su cuerpo contra una roca y lo cortaría en dos. No había ni terminado de decírselo, ¡cuando lo logré! Mi tío me miró, muy asustado, y exclamó *¡Vade retro Satanas!* (¡Atrás! ¡Satanás!) Y pasaron días antes de que me hablara nuevamente.

Otras hazañas, por grandiosas que hayan sido, serán eclipsadas en este relato, pero siento que con lo ya dicho puedo descansar pacíficamente en mis laureles durante mil años.

III. MIS ESFUERZOS POSTERIORES

El descubrimiento del campo magnético giratorio.

A la edad de diez años ingresé al Real Gymnasium, que era una institución nueva y bastante bien equipada. En el departamento de física había varios modelos de aparatos científicos clásicos, eléctricos y mecánicos. Las demostraciones y experimentos realizados ocasionalmente por los instructores me fascinaban y sin duda fueron un poderoso incentivo para la invención.

También me gustaban apasionadamente los estudios matemáticos y, a menudo, ganaba los elogios del profesor por mis rápidos cálculos. Esto se debía a la facilidad que había adquirido para visualizar las figuras y para realizar las operaciones, no de la manera intuitiva habitual, sino en la vida real. Hasta cierto grado de complejidad, era absolutamente igual para mí si escribía los símbolos en la pizarra o los conjuraba ante mi visión mental.

Pero los dibujos a mano alzada, al que se dedicaban muchas horas del curso, siempre fueron una molestia que no podía soportar. Esto es llamativo, ya que la mayoría de los miembros de mi familia sobresalían en esto. Quizás mi aversión se debía simplemente a la predilección que sentía por el pensamiento imperturbable. Si no hubiese sido por unos pocos muchachos excepcionalmente estúpidos, que no podían hacer nada en absoluto, mi historial hubiese sido el peor. Era una desventaja seria, ya que, según el régimen educacional existente en el cual el dibujo era obligatorio, esta deficiencia amenazaba con arruinar toda mi carrera y mi padre tuvo muchos problemas para lograr que me pasaran de una clase a otra.

En el segundo año en esta institución, me obsesioné con la idea de producir un movimiento continuo a través de una presión de aire constante. El incidente de la máquina de bomberos que relaté, había incendiado mi imaginación juvenil, impresionándome con las capacidades ilimitadas de un vacío. Mi deseo se volvió frenético por lograr esta energía inagotable, pero durante mucho tiempo busqué a tientas en la oscuridad. Finalmente, sin embargo, mis esfuerzos cristalizaron en una invención que me permitiría lograr lo que ningún otro mortal jamás intentó.

Imagínense un cilindro que pueda girar libremente sobre dos cojinetes y parcialmente rodeado de un canal rectangular que se ajuste perfectamente. El lado abierto del canal está cerrado por una división de manera que el segmento cilíndrico dentro del recinto divide este último en dos compartimentos completamente separados uno del otro mediante juntas deslizantes herméticas. Uno de estos compartimentos está sellado, el otro permanece abierto. De esto resultaría una rotación perpetua del cilindro, al menos, eso creo.

Construí un modelo de madera, que equipé con infinito cuidado y cuando apliqué la bomba en un lado y observé que realmente había una tendencia a que girase, me puse delirante de alegría.

El vuelo mecánico era lo único que quería lograr, aunque todavía bajo el recuerdo desalentador de una mala caída que tuve al saltar en paraguas desde la parte superior de un edificio.

Todos los días solía transportarme por aire a regiones distantes, pero no podía entender cómo lograba hacerlo. Ahora tenía algo concreto: ¡una máquina voladora con nada más que un eje giratorio, alas que aleteaban y ¡un vacío de poder ilimitado! A partir de ese momento, hice mis vuelos mentales diarios en un vehículo de confort y lujo como podría haber correspondido al rey Salomón.

Pasaron años hasta que comprendí que la presión atmosférica actuaba en ángulos rectos en la superficie del cilindro y que el pequeño «esfuerzo giratorio» que yo observé se debía a una fuga. Aunque este conocimiento me llegó lentamente, me dio un shock doloroso.

Apenas completada mi carrera en el Gymnasium Real caí postrado con una enfermedad peligrosa o más bien, una combinación de varias, y mi condición se volvió tan desesperada que los médicos me desahuciaron. Durante este período se me permitió leer constantemente, obteniendo libros de la Biblioteca Pública que habían sido descuidados y me eran confiados para la clasificación de las obras y la preparación de los catálogos.

Un día me entregaron algunos volúmenes de literatura actual, diferente de todo lo que había leído antes y me resultó tan cautivante que me hizo olvidar por completo mi estado de desesperanza. Eran los primeros trabajos de Mark Twain y a ellos es posible atribuir la milagrosa recuperación que siguió.

Veinticinco años después, cuando conocí al Sr. Clemens (verdadero apellido de Twain) y forjamos una amistad, le relaté mi experiencia y me sorprendí al ver al «gran hombre de la risa» estallar en lágrimas.

Mis estudios continuaron en el Gymnasium Real superior de Carlstadt, Croacia, donde residía una de mis tías. Ella era una dama distinguida, la esposa de un Coronel que era un viejo caballo de guerra que había participado en muchas batallas. No puedo olvidar los últimos tres años que pasé en su casa. Ninguna fortaleza en tiempos de guerra estaba bajo una disciplina más rígida. Me alimentaron como un canario. Todas las comidas eran de la más alta calidad y preparadas deliciosamente, pero en una cantidad tan escasa como en un mil por ciento. Las rebanadas de jamón cortadas por mi tía eran como papel de seda. Cuando el Coronel ponía algo sustancial en mi plato, ella me lo quitaba y le decía en un tono excitado: «Ten cuidado, Niko es muy delicado». Como tenía un apetito voraz, sufrí como Tántalo[4]. Pero viví en una atmósfera de refinamiento y gusto artístico bastante inusual para aquellos tiempos y condiciones.

Aquellas eran tierras bajas y pantanosas y la malaria nunca me dejó, a pesar de las enormes cantidades de quinina que consumí. De vez en cuando, el río se desbordaba e impulsaba un ejército de ratas hacia los edificios, que devoraban hasta los sacos de la feroz páprika. Estas plagas me resultaban una bienvenida diversión. Reduje sus filas por todo tipo de medios, lo que me ganó la distinción poco envidiable de «atrapa-ratas» en la comunidad. Por fin, sin embargo, completé mi carrera, mi miseria terminó, y obtuve el certificado de madurez que me llevó a la encrucijada.

Durante todos esos años mis padres nunca flaquearon en su determinación de hacerme parte del clero, aunque solo pensarlo me llenaba de terror. Me había interesado intensamente la electricidad bajo la influencia estimulante de mi profesor de Física, que era un hombre ingenioso y que a menudo demostraba los principios mediante aparatos de su propia invención. Entre ellos, recuerdo un dispositivo en forma de una bombilla de giro libre, con recubrimientos de papel de estaño, hecha para girar rápidamente al conectarla a una máquina estática.

Me resulta imposible transmitir una idea adecuada de la intensidad de sentimientos que experimentaba al ser testigo de las exhibiciones de estos misteriosos fenómenos. Cada impresión producía mil ecos en mi mente. Quería saber más sobre esta maravillosa fuerza; anhelaba la experimentación y

---

4 Dios de la Antigua Grecia, castigado por sus crímenes por Zeus, es enviado a un lago rodeado de frutales, pero cuando trata de comer o beber para saciar su terrible hambre y su sed, los alimentos se ponen fuera de su alcance, eternamente.

la investigación; pero con dolor en el alma me resigné a lo inevitable.

Justo cuando me preparaba para el largo viaje a casa, me dijeron que mi padre quería que fuera en una expedición de tiro. Era una petición extraña, ya que siempre se había opuesto enérgicamente a este tipo de deporte. Pero unos días más tarde me enteré de que el cólera estaba azotando en ese distrito y, aprovechando una oportunidad, regresé a Gospic, desobedeciendo los deseos de mis padres.

Es increíble lo absolutamente ignorantes que eran las gentes en cuanto a las causas de este flagelo que azotó el país en intervalos de quince a veinte años. Pensaban que los agentes mortales se transmitían por el aire, y lo llenaban todo de olores nauseabundos y de humo. Entretanto, seguían bebiendo el agua y muriendo por montones.

Contraje la horrible enfermedad el mismo día de mi llegada, y aunque sobreviví a la crisis, estuve confinado a la cama durante nueve meses con apenas capacidad para moverme. Mi energía estaba completamente agotada, y por segunda vez me encontré a las puertas de la muerte. En una de mis últimas recaídas, que se pensó era la última, mi padre vino a toda prisa a mi habitación. Todavía veo su rostro pálido mientras trataba de animarme en tonos que desmienten su seguridad aparente.

«Quizás», le dije, «podría mejorar si me dejas estudiar ingeniería».

«Irás a la mejor institución técnica del mundo», respondió solemnemente, y supe que lo decía en serio.

Un gran peso se levantó de mi mente, pero el alivio habría llegado demasiado tarde sino hubiese sido por una cura maravillosa provocada por un amargo brebaje de un frijol peculiar. Volví a la vida como otro Lázaro para el asombro total de todos.

Mi padre insistió en que pasara un año en saludables ejercicios físicos al aire libre a los que accedí a regañadientes. Durante la mayor parte de este período anduve en las montañas, en traje de cazador y con un montón de libros, y este contacto con la naturaleza me hizo más fuerte en cuerpo y también en mente. Pensé y planifiqué y concebí muchas ideas casi siempre, y como regla, engañosas. La visión era lo suficientemente clara, pero el conocimiento de los principios era muy limitado. En uno de mis inventos propuse enviar cartas y paquetes a través de los mares, por un tubo submarino, en contenedores esféricos de suficiente resistencia para resistir la presión hidráulica.

La planta de bombeo, destinada a forzar el flujo de agua por el tubo, fue calculada y diseñada con precisión, y todos los demás detalles fueron elaborados cuidadosamente. Solo un pequeño detalle, sin importancia, fue levemente desestimado. Asumí una velocidad arbitraria del agua y, lo que es más, me complací en hacerla alta, logrando así a una actuación estupenda respaldada por cálculos impecables.

Reflexiones posteriores, sin embargo, sobre la resistencia de las tuberías al flujo de los fluidos me determinaron a convertir esta invención una propiedad pública.

Otro de mis proyectos, fue el de construir un anillo alrededor del ecuador que, por supuesto, flotaría libremente y podría ser detenido en su movimiento giratorio por fuerzas reaccionarias, lo que permitiría viajar a una velocidad de alrededor de mil millas por hora, imposible de realizar por ferrocarril.

El lector sonreirá.

El plan era difícil de ejecutar, lo admito, pero no tanto como el de un conocido profesor de Nueva York, que quería bombear el aire a las zonas muy calientes o tórridas a las zonas templadas, olvidando por completo el hecho de que el Señor proporcionó una máquina gigantesca para este propósito.

Otro esquema, mucho más importante y atractivo, fue el derivar energía o electricidad de la energía rotacional de los cuerpos terrestres. Había descubierto que los objetos en la superficie de la tierra, debido a la rotación diurna del globo, son llevados por el mismo alternativamente en y contra la dirección del movimiento de traslación. De esto resulta un gran cambio en el *momentum* o el impulso que podría usarse de la manera más simple imaginable para proporcionar fuerza motriz en cualquier región habitable del mundo.

No puedo encontrar palabras para describir mi decepción cuando me di cuenta de que estaba en el predicamento de Arquímedes, que en vano buscaba un punto fijo en el universo.

Al final de mis vacaciones, fui enviado a la Escuela Politécnica en Gratz, Estiria, que mi padre había elegido por ser una de las instituciones más antiguas y mejor reputadas. Ese fue el momento que había aguardado ansiosamente y comencé mis estudios bajo buenos auspicios y firmemente resuelto a triunfar. Mi entrenamiento previo había sido por encima del promedio, debido a la enseñanza de mi padre y las oportunidades que me fueron brindadas. Había adquirido el conocimiento de varios idiomas y había leído los libros de varias bibliotecas, recogiendo información más o menos útil. Por otra parte, por primera vez, pude elegir los temas que me gustaba, y el dibujo a mano alzada ya no me iba a molestar más.

Me decidí a dar una sorpresa a mis padres, y durante todo el primer año comencé a trabajar de forma regular a las tres de la mañana y continuaba hasta las once de la noche, sin exceptuar los domingos ni los días feriados. Como la mayoría de mis compañeros tomaban las cosas con calma, naturalmente los eclipsé a todos en las notas.

En el transcurso de ese año, aprobé nueve exámenes y los profesores decían que yo merecía más que las calificaciones más altas. Armados con sus halagadores certificados, me fui a casa para un breve descanso, esperando un triunfo, y me mortifiqué cuando mi padre se tomó a la ligera estos triunfos logrados con tanto esfuerzo.

Eso casi mata mi ambición; pero luego, después de su muerte, me dolió encontrar un paquete de cartas que los profesores le habían escrito en el sentido de que, a menos que me sacara de la institución, me mataría por exceso de trabajo.

A partir de entonces, me dediqué principalmente a la física, la mecánica y a los estudios matemáticos, pasando mis horas libres en la biblioteca.

Tenía una verdadera manía por terminar todo lo que comenzaba, la cual a menudo me metía en dificultades. En una ocasión, empecé a leer las obras de Voltaire, cuando supe, para mi pesar, que eran casi un centenar de volúmenes en letra pequeña lo que ese monstruo había escrito, mientras bebía setenta y dos tazas de café negro por día. ¡Tenía que hacerlo! Sin embargo, cuando finalmente cerré y puse de lado el último de esos libros, aunque estaba muy feliz, dije: «¡Nunca más!»

Mi actuación del primer año me ganó el aprecio y la amistad de varios profesores.

Entre estos estaban el Prof. Rogner, que enseñaba temas aritméticos y geometría; el Prof. Poeschl, que ocupaba la cátedra de Física Teórica y Experimental, y el Dr. Alle, que enseñaba cálculo integral y se especializaba en ecuaciones diferenciales. Este científico era el conferenciante más brillante a quien alguna vez escuché. Él tomó un interés especial en mi progreso y con frecuencia permanecía durante una o dos horas en la sala de conferencias dándome problemas para resolver, lo que me encantaba.

A él expliqué una máquina voladora que había concebido: no una invención ilusoria, sino una basada en principios científicos sólidos, que se ha vuelto realizable a través de mi turbina y que pronto será entregada al mundo.

Tanto los profesores Rogner y Poeschl eran hombres curiosos. El primero tenía formas peculiares de expresarse y cada vez que lo hacía había disturbios, seguidos de una pausa larga y vergonzosa. El Prof. Poeschl era un alemán metódico y balanceado. Tenía pies enormes y sus manos eran como las garras de un oso, pero todos sus experimentos eran hábilmente ejecutados con maestría y precisión, y sin una sola falla.

Fue en el segundo año de mis estudios que recibimos un Dínamo Gramme de París, con la forma de herradura de un imán de campo laminado y una armadura de alambre enrollado con un conmutador. Estaba conectado, y mostraba varios efectos de las corrientes.

Mientras el Prof. Poeschl estaba haciendo demostraciones, haciendo funcionar la máquina como un motor, los cepillos daban problemas y chispeaban, y observé que podría ser posible operar un motor sin estos aparatos. Pero afirmando que no se podía hacer, el profesor me concedió el honor de dar una disertación sobre el tema, al final de la cual comentó: «El señor Tesla puede lograr grandes cosas, pero ciertamente nunca hará esto. Sería equivalente a convertir una fuerza de tracción constante, como la de la gravedad, en un esfuerzo rotatorio. Es un esquema de movimiento perpetuo, una idea imposible».

Pero el instinto es algo que trasciende el conocimiento. Tenemos, sin duda, ciertas fibras más finas que nos permiten percibir verdades en momentos en que la deducción lógica, o cualquier otro esfuerzo voluntario del cerebro, resultan inútiles.

Durante un tiempo vacilé, impresionado por la autoridad del profesor, pero pronto me convencí de que yo tenía razón y emprendí la tarea con todo el fuego y la confianza ilimitada de la juventud.

Comencé por imaginarme una máquina de corriente continua, ejecutándola y siguiendo el flujo cambiante de las corrientes en su marco. Entonces me imaginé un alternador e investigué los procedimientos que ocurrían de manera similar. Luego visualicé sistemas que comprendían motores y generadores y los operé de diversas maneras. Las imágenes que veía en mi mente para mí eran perfectamente reales y tangibles. Todo el resto de mi curso en Gratz lo utilicé en esfuerzos intensos pero infructuosos de este tipo, y casi llegué a la conclusión de que el problema era imposible de resolver.

En 1880 fui a Praga, Bohemia, siguiendo el deseo de mi padre de completar mi educación en la Universidad de ese lugar.

Fue en esa ciudad que hice un avance decidido, que consistió en separar el conmutador de la máquina y estudiar los fenómenos en este nuevo aspecto, pero aún sin resultados.

En el año siguiente hubo un cambio repentino en mis puntos de vista de la vida. Comprendí que mis padres habían estado haciendo sacrificios demasiado grandes por cuenta mía y resolví liberarlos de la carga.

La ola del teléfono estadounidense acababa de llegar al continente europeo y el sistema se iba a instalar en Budapest, Hungría. Parecía una oportunidad ideal, más aún cuando un amigo de nuestra familia estaba al frente de la empresa. Fue aquí donde sufrí el colapso nervioso total al que me he referido.

Lo que experimenté durante el período de enfermedad sobrepasa todo lo creíble. Mi vista y mi oído siempre fueron extraordinarios. Podía discernir claramente objetos en la distancia cuando otros no veían ni rastro de ellos. Varias veces en mi adolescencia salvé del fuego las casas de nuestros vecinos, al escuchar en la noche débiles crujidos que no alcanzaban a despertarles, y pedir ayuda.

En 1899, cuando tenía más de cuarenta años y continuaba mis experimentos en Colorado, podía escuchar truenos claramente a una distancia de 550 millas. El límite de audición para mis jóvenes ayudantes era apenas de 150 millas. Mi oído era, pues, más de tres veces más sensible. Sin embargo, en ese entonces estaba sordo, por así decirlo, en comparación con lo agudo de mi audición mientras estuve con el colapso nervioso.

En Budapest pude escuchar el tictac de un reloj que estaba a más de tres habitaciones de distancia. Una mosca posándose sobre una mesa en la habitación causaba un ruido sordo en mi oído. Un carruaje pasando a una distancia de algunos kilómetros sacudía todo mi cuerpo. El silbato de una locomotora a veinte o treinta millas de distancia hacía que el banco o la silla en la que estuviese sentado vibrase tan fuertemente que el dolor era insoportable. El suelo bajo mis pies temblaba continuamente. Tuve que apoyar mi cama en cojines de goma para poder descansar un poco. Los ruidos cercanos y lejanos a menudo producían el efecto de palabras, lo cual me habría asustado si no hubiese sido capaz de dividirlos en sus componentes accidentales.

Los rayos del sol, interceptados periódicamente, causaban golpes de tal fuerza en mi cerebro que me aturdían.

Tenía que reunir toda mi fuerza de voluntad para pasar por debajo de un puente u otra estructura, ya que experimentaba una presión aplastante en el cráneo.

En la oscuridad tenía los sentidos de un murciélago y podía detectar la presencia de un objeto a una distancia de doce pies debido a una peculiar sensación en la frente. Mi pulso variaba desde unos pocos hasta doscientos sesenta latidos y todos los tejidos del cuerpo temblaban con espasmos y temblores, lo cual fue quizás lo más difícil de soportar.

Un médico de renombre que me daba diariamente grandes dosis de bromuro de potasio declaró que mi enfermedad era única e incurable.

Siempre lamentaré no haber estado bajo la observación de expertos en fisiología y psicología en ese momento. Me aferré desesperadamente a la vida, pero nunca esperé recuperarme. ¿Puede alguien creer que un despojo físico tan desesperado podía algún día transformarse en un hombre de sorprendente fuerza y tenacidad, capaz de trabajar treinta y ocho años casi sin un día de interrupción, y encontrarse todavía fuerte y fresco de cuerpo y de mente? Tal es mi caso. Un poderoso deseo de vivir y continuar el trabajo, y la ayuda de un amigo y atleta devoto logró la maravilla. Mi salud regresó, y con ella el vigor de la mente.

Cuando ataqué el problema de nuevo, casi lamenté que la lucha terminara pronto. Tenía mucha energía de sobra. Cuando emprendí la tarea no fue con una resolución como la que suelen hacer los hombres. Conmigo fue un voto sagrado, una cuestión de vida o muerte. Sabía que perecería si fallaba. Ahora sentía que la batalla estaba ganada. En lo profundo del cerebro estaba la solución, pero todavía no podía expresarla externamente.

Una tarde, que siempre está presente en mi recuerdo, estaba disfrutando de un paseo con mi amigo en el parque de la ciudad y recitando poesía. A esa edad conocía de memoria libros enteros, palabra por palabra. Uno de estos fue el Fausto de Goethe. El sol se estaba poniendo y me recordó el pasaje glorioso:

Sie ruckt und weicht, der Tag is uberlebt,
Dort eil sie hin und fordert neue Leben.
Oh, dass kein Flugel mich vom

Boden hebt Ihr nach und immer nach zu streben!

Ein schooner Traum indessen sie entweicht,

Ach, zu de Geistes Flugeln wird so leicht

Kein korperlicher Flugel sich gesellen!

«El resplandor se retira, el día se ha acabado;

Pero por otros lados sigue con prisa, iluminando otras vidas;

Ah, ¡que ningún ala pueda hacerme volar!

¡Levantarme del suelo, para aspirar a estar contigo para siempre!

¡Un sueño glorioso! aunque ahora las glorias se desvanecen.

¡Ay! ¡Para la mente volar es tan fácil!

Pero no hay alas físicas para que el cuerpo se le una».

Mientras pronunciaba estas inspiradoras palabras, la idea surgió como un relámpago y en un instante se reveló la verdad. Dibujé con un palo en la arena los diagramas que seis años después mostré en mi discurso ante el Instituto Americano de Ingenieros Eléctricos, y mi compañero los entendió perfectamente.

Las imágenes que vi eran maravillosamente nítidas y claras y tenían la solidez del metal y la piedra, tanto que le dije: «Mira mi motor aquí; mírame cómo lo revierto». No puedo empezar a describir mis emociones. Pigmalión al ver su estatua cobrar vida no podría haberse conmovido más profundamente. Habría dado mil secretos de la naturaleza con los que podía haberme tropezado accidentalmente, por aquel que le había arrebatado contra todo pronóstico y arriesgando mi existencia.

IV. EL DESCUBRIMIENTO DE LA BOBINA DE TESLA Y EL TRANSFORMADOR

Durante un tiempo me entregué al intenso placer de imaginar máquinas e idear nuevas formas. Fue un estado mental de felicidad. Las ideas llegaron en un flujo ininterrumpido y la única dificultad que tuve fue retenerlas todas.

Las piezas de los aparatos que concebía para mí eran absolutamente reales y tangibles, incluso hasta las marcas más diminutas y a los signos de desgaste. Me complacía imaginar los motores funcionando constantemente, ya que así presentaban a los ojos de mi mente una visión más fascinante.

Cuando la inclinación natural se convierte en un deseo apasionado, uno avanza hacia su meta con botas de siete leguas.

En menos de dos meses desarrollé virtualmente todos los tipos de motores y modificaciones del sistema que ahora están identificados con mi nombre. Tal vez fue providencial que las necesidades de mi existencia ordenaran una interrupción temporal de esta actividad que consumía mi mente.

Llegué a Budapest motivado por un informe prematuro sobre la empresa telefónica y, como lo había querido la ironía del destino, tuve que aceptar un puesto como dibujante en la Oficina Central de Telégrafos del Gobierno de Hungría, ¡con un sueldo que considero mi privilegio no revelar!

Afortunadamente, pronto gané el interés del Inspector en Jefe y luego me emplearon en cálculos, diseños y estimaciones en relación con nuevas instalaciones, hasta que se inició la Central Telefónica y me hice cargo de la misma.

El conocimiento y la experiencia práctica que obtuve en el curso de este trabajo fue sumamente valioso y el empleo me brindó amplias oportunidades para el ejercicio de mis facultades inventivas.

Hice muchas mejoras en los aparatos de la Estación Central y perfeccioné un repetidor o amplificador de teléfono que nunca fue patentado ni descrito públicamente, pero que aún hoy me sería acreditable.

En reconocimiento a mi eficiente asistencia, el administrador de la empresa, el señor Puskas, al vender su negocio en Budapest, me ofreció un puesto en París que acepté con mucho gusto.

No puedo olvidar la profunda impresión que aquella ciudad mágica produjo en mi mente. Por varios días después de mi llegada recorrí todas las calles impresionado del nuevo espectáculo.

Las atracciones eran muchas e irresistibles, pero, ¡ay! mis ingresos se gastaban tan pronto se recibían.

Cuando el Sr. Puskas me preguntó cómo me estaba yendo en la nueva esfera, describí la situación con precisión afirmando que «los últimos veintinueve días del mes son los más difíciles».

Tuve un ritmo de vida bastante extenuante en lo que ahora se llamaría «estilo Rooseveltiano». Todas las mañanas, sin importar el clima, iba del bulevar de St. Marcel, donde residía, a una casa de baño en el Sena, me zambullía en el agua, recorría el circuito veintisiete veces, y luego caminaba una hora para llegar a Ivry, donde se encontraba la fábrica de la Compañía. Allí desayunaba a las siete y media de la mañana y aguardaba con impaciencia la hora del almuerzo, y mientras tanto resolvía problemas difíciles para el gerente de las obras, el señor Charles Batchellor, que era amigo íntimo y asistente de Edison.

Aquí entré en contacto con unos pocos estadounidenses que se encantaron conmigo debido a que jugaba muy bien al billar. A estos hombres les expliqué mi invento y uno de ellos, el señor D. Cunningham, capataz del Departamento de Mecánica, se ofreció a formar una sociedad anónima. La propuesta me pareció cómica en extremo. No tenía la menor idea de lo que significaba, excepto que era una forma estadounidense de hacer las cosas.

Sin embargo, nada salió de eso, y durante los siguientes meses tuve que viajar de un lado a otro en Francia y Alemania para arreglar todos los problemas de las plantas de energía.

Al regresar a París, sometí a uno de los administradores de la compañía, el señor Rau, un plan para mejorar sus dínamos y se me dio una oportunidad. Mi éxito fue completo y los complacidos directores me acordaron el privilegio de desarrollar reguladores automáticos, que eran muy deseados.

Poco después hubo algunos problemas con la planta de alumbrado instalada en la nueva estación de tren en Estrasburgo, Alsacia. El cableado era defectuoso y con motivo de las ceremonias de apertura una gran parte de una pared se fundió por culpa de un cortocircuito justo en presencia del viejo emperador Guillermo I. El gobierno alemán se negó a aceptar la planta, y la compañía francesa se enfrentaba a una pérdida muy seria.

Debido a mi conocimiento del idioma alemán y las experiencias pasadas, se me encargó la difícil tarea de arreglar las cosas, y a principios de 1883 fui a Estrasburgo en esa misión.

Algunos de los incidentes en esta ciudad han dejado un registro indeleble en mi memoria. Por una curiosa coincidencia, varios hombres que luego se hicieron famosos, vivieron allí por esa época. Más tarde en la vida yo solía decir que: «Había bacterias de grandeza en esa vieja ciudad. Otros se contagiaron de esa enfermedad, sin embargo, ¡yo logré escapar!».

El trabajo práctico, la correspondencia y las conferencias con los funcionarios me mantuvieron preocupado día y noche, pero apenas me las arreglé comencé la construcción de un motor simple en un taller mecánico frente a la estación de ferrocarril, habiendo traído conmigo desde París un poco de material para ese propósito.

La consumación del experimento, sin embargo, se retrasó hasta el final del año cuando finalmente tuve la satisfacción de ver la rotación provocada por corrientes alternas de diferente fase, y sin contactos deslizantes o conmutadores, tal y como lo había concebido un año antes. Fue un placer exquisito, pero no comparable con el delirio de alegría que siguió a la primera revelación.

Entre mis nuevos amigos estaba el antiguo alcalde de la ciudad, el señor Bauzin, a quien de alguna forma ya había familiarizado con este y otros inventos míos y cuyo apoyo me esforcé por conseguir.

Él se dedicó sinceramente a mí y presentó mi proyecto ante varias personas acaudaladas, pero, para mi mortificación, no obtuvo respuesta. Quería ayudarme de todas las maneras posibles, y el enfoque del primero de julio de 1919 me recuerda una forma de asistencia que recibí de ese hombre encantador, que no fue de tipo financiera, pero no por ello fue menos apreciada.

En 1870, cuando los alemanes invadieron el país, el señor Bauzin había enterrado una buena provisión de St. Estephe de 1801[5] y llegó a la conclusión de que no conocía a nadie más digno que yo para consumir esa preciosa bebida. Esto, puedo

---

[5] Vino de la región de Burdeos, Francia. N. de T.

decir, es uno de los incidentes inolvidables a los que me he referido.

Mi amigo me instó a regresar a París lo antes posible y buscar apoyo allí. Estaba ansioso por hacerlo, pero mi trabajo y las negociaciones se prolongaron debido a todo tipo de pequeños obstáculos que encontré, de modo que a veces la situación parecía desesperada. Solo para dar una idea de la minuciosidad y la eficiencia alemana, puedo mencionar aquí una experiencia bastante divertida.

Se tenía que instalar una lámpara incandescente de 16 c.p. en un pasillo, y al seleccionar la ubicación adecuada, ordené al instalador que pusiera los cables. Después de trabajar un rato, el instalador concluyó que había que consultar al ingeniero y así se hizo. Este último hizo varias objeciones, pero finalmente acordó que la lámpara debía colocarse a dos pulgadas del lugar que yo había indicado, después de lo cual se procedió el trabajo. Entonces el ingeniero se preocupó y me dijo que debía notificar al inspector Averdeck. Esa persona importante llamó, investigó, debatió y decidió que la lámpara debía cambiarse dos pulgadas hacia atrás, que era el lugar que yo había indicado primero. Sin embargo, no pasó mucho tiempo antes de que Averdeck se preocupara y me informara de que había informado al Inspector General Hieronimus del asunto y que debía esperar su decisión. Pasaron varios días antes de que el Inspector General pudiera liberarse de otros deberes urgentes, pero al final llegó y luego de un debate de dos horas, decidió mover la lámpara dos pulgadas más.

Mis esperanzas de que este fuera el acto final se hicieron añicos cuando el Inspector General regresó y me dijo: «Regierungsrath (El Consejal) Funke es tan particular que no me atrevería a dar una orden para colocar esta lámpara sin su aprobación explícita».

En consecuencia, se hicieron arreglos para una visita de ese gran hombre. Comenzamos a limpiar y pulir temprano en la mañana. Todos se cepillaron, me puse los guantes y cuando Funke vino con su séquito, fue recibido ceremoniosamente. Después de dos horas de deliberación, de repente exclamó: «Debo irme» y, señalando un lugar en el techo, me ordenó que pusiera la lámpara allí.

Era el lugar exacto que originalmente yo había elegido.

Así transcurrieron todos los días, con algunas variaciones, pero yo estaba decidido a lograrlo a cualquier costo y al final mis esfuerzos fueron recompensados. En la primavera de 1884, todas las diferencias se ajustaron, la planta fue aceptada formalmente y regresé a París con agradables anticipaciones. Uno de los administradores me había prometido una generosa compensación en caso de que tuviera éxito, así como un pago justo por las mejoras que había hecho en sus dinamos, por lo que esperaba obtener una suma sustancial.

Había tres administradores que designaré como A, B y C por conveniencia.

Cuando llamé a A, me dijo que B tenía la palabra. Este caballero pensó que solo C podía decidir y este último estaba bastante seguro de que A solo tenía el poder de actuar.

Después de varias vueltas de este círculo vicioso, comprendí que mi recompensa era un castillo en España. El fracaso total de mis intentos de reunir capital para el desarrollo fue otra decepción y cuando el señor Batchellor me obligó a ir a Estados Unidos con el fin de rediseñar las máquinas Edison, decidí probar mis fortunas en la Tierra de la Promesa Dorada.

¡Pero casi pierdo esta oportunidad!

Liquidé mis modestos activos, aseguré el alojamiento y llegué a la estación de ferrocarril cuando el tren salía. En ese momento descubrí que mi dinero y mis boletos habían desaparecido. La cuestión entonces era ¿qué hacer? Hércules tuvo mucho tiempo para deliberar, pero yo tuve que decidir mientras corría junto al tren con sentimientos opuestos que surgían en mi cerebro como las oscilaciones del condensador.

El ser resuelto, ayudado por la destreza, ganó en el último momento y luego de pasar por las experiencias habituales, tan triviales como desagradables, logré embarcarme a Nueva York con los restos de mis pertenencias, algunos poemas y artículos que había escrito, y un paquete de cálculos relacionados con las soluciones de una integral sin solución y con mi máquina voladora.

Durante el viaje, me senté la mayor parte del tiempo en la popa del barco, buscando la oportunidad de salvar a alguien de una «tumba acuática», sin la menor idea del peligro.

Más tarde, cuando absorbí algo del sentido práctico de los Estados Unidos, me estremecí al recordarlo y me maravillé de mi antigua locura.

Ojalá pudiese poner en palabras mis primeras impresiones de este país. En los Cuentos Árabes, había leído cómo los genios transportaban a las personas a una tierra de sueños para vivir deliciosas aventuras. Mi caso fue todo lo contrario. Los genios me habían llevado de un mundo de sueños a uno de realidades. Lo que había dejado era hermoso, artístico y fascinante en todos los sentidos; lo que vi aquí fue maquinal, áspero y poco atractivo.

Un policía corpulento hacía girar su bastón que me parecía tan grande como un tronco. Me acerqué a él cortésmente para pedirle direcciones. «Seis cuadras más abajo, luego a la izquierda», dijo, con ojos asesinos.

«¿Es esto América?», me pregunté con dolorosa sorpresa. «Está cien años detrás de Europa en cuanto a civilización».

Cuando salí del país en 1889, habiendo pasado cinco años desde mi llegada a Estados Unidos, me convencí de que estaba más de cien años DELANTE de Europa, y aún no ha pasado nada que me haga cambiar de opinión.

La reunión con Edison fue un evento memorable en mi vida. Me sorprendió este hombre maravilloso que, sin ventajas tempranas ni formación científica, había logrado tanto.

Yo había estudiado una docena de idiomas, profundizando en literatura y arte, y había pasado mis mejores años en bibliotecas leyendo todo tipo de cosas que caían en mis manos, desde los *Principia* de Newton hasta las novelas de Paul de Kock[6], y sentí entonces que la mayor parte de mi vida había sido desperdiciada. Pero no pasó mucho tiempo antes de que reconociera que era lo mejor que podía haber hecho. En unas pocas semanas, me gané la confianza de Edison.

Eso surgió de esta manera.

El SS Oregon, el barco de pasajeros más rápido en ese momento, tenía ambas de sus máquinas de iluminación inhabilitadas y su salida a navegación se estaba retrasando. Como la superestructura había sido construida después de su instalación, era imposible retirarlas de la bodega. La situación era seria y Edison estaba muy molesto.

Por la noche, me llevé los instrumentos necesarios y subí a bordo del barco donde pasé la noche. Los dínamos estaban en mal estado, con varios cortocircuitos y cortes, pero con la ayuda de la tripulación logré arreglarlos. A las cinco de la mañana, cuando pasaba por la Quinta Avenida de camino al taller, me encontré a Edison con Batchellor y algunos otros cuando regresaban a casa.

«Aquí está nuestro parisino saliendo por las noches», dijo.

Cuando le dije que venía de Oregon y que había reparado ambas máquinas, me miró en silencio y se fue sin decir otra palabra. Pero cuando se alejó un poco, le oí decir: «Batchellor,

---

6 Prolífico autor francés del siglo XIX que publicó más de ¡cuatrocientas novelas!. N de T.

este es un buen hombre». Desde ese momento tuve plena libertad para dirigir el trabajo.

Durante casi un año mis horas regulares fueron de 10.30 a.m. hasta las 5 de la mañana del día siguiente sin excepción de un día.

Edison me dijo: «He tenido muchos ayudantes que trabajan duro, pero tú te ganas el pastel».

Durante este período diseñé veinticuatro tipos diferentes de máquinas estándar con núcleos cortos y de patrón uniforme que reemplazaron a las antiguas. El gerente me había prometido cincuenta mil dólares al completar esta tarea, pero resultó ser una broma. Esto representó un doloroso golpe y renuncié a mi puesto.

Inmediatamente después, algunas personas me buscaron para proponerme formar una compañía de luz de arco a mi nombre, a lo que accedí. Aquí, finalmente, había una oportunidad para desarrollar el motor, pero cuando les hablé del tema a mis nuevos asociados, me dijeron: «No, queremos la lámpara de arco. No nos importa su corriente alterna».

En 1886 mi sistema de iluminación de arco fue perfeccionado y adoptado para la iluminación de fábricas y el alumbrado municipal, y yo era libre, pero sin otra posesión que un certificado —bellamente grabado— de acciones de valor hipotético.

Luego siguió un período de lucha en un nuevo medio para el cual yo no estaba preparado, pero la recompensa llegó en abril de 1887, cuando se organizó la Compañía Eléctrica de Tesla, proporcionándome un laboratorio e instalaciones.

Los motores que construí allí fueron exactamente como los había imaginado. No intenté mejorar el diseño, sino que meramente reproduje las imágenes tal y como me habían aparecido en mi visión y funcionaron tal y como siempre lo había esperado.

En la primera parte de 1888 se hizo un acuerdo con la Westinghouse Company para la fabricación de motores a gran escala. Pero aún quedaban por superar grandes dificultades. Mi sistema se basaba en corrientes de baja frecuencia y los expertos de Westinghouse habían adoptado 133 ciclos con el objetivo de obtener ventajas en la transformación. No querían apartarse de sus aparatos de formas estándar y mis esfuerzos tuvieron que concentrarse en adaptar el motor a estas condiciones. Otra necesidad fue producir un motor capaz de funcionar eficientemente, con esta frecuencia, y a dos cables, lo cual no fue fácil de lograr.

Sin embargo, a fines de 1889, mis servicios en Pittsburgh ya no eran esenciales, regresé a Nueva York y reanudé el trabajo experimental en un laboratorio de Grand Street, donde comencé a diseñar máquinas de alta frecuencia. Los problemas de construcción en este campo son novedosos y bastante peculiares y encontré muchas dificultades. Rechacé el tipo inductor, temiendo que no emitiera ondas perfectas, que eran tan importantes para la acción resonante. Si no hubiera sido por eso, pude haberme ahorrado gran cantidad de trabajo.

Otra característica desalentadora del alternador de alta frecuencia parecía ser lo inconsistente de la velocidad que amenazaba con imponer serias limitaciones a su uso. Ya yo había notado, en mis demostraciones ante el Instituto Americano de Ingenieros Eléctricos, que en muchos casos se perdía la armonía, requiriéndose ajustes, y aún no había pensado en lo que luego descubriría, o sea, un medio para operar una máquina de este tipo a una velocidad constante a un grado tal que no varíe más que una pequeña fracción de una revolución entre los extremos de la carga.

Por muchas otras consideraciones, parecía deseable inventar un dispositivo más simple para la producción de oscilaciones eléctricas.

En 1856, Lord Kelvin había expuesto la teoría de la descarga del condensador, pero no se hizo ninguna aplicación práctica de ese importante conocimiento.

Yo vi las posibilidades de esta teoría y emprendí el desarrollo de aparatos de inducción basados sobre este principio. Mi progreso fue tan rápido que me permitió exponer en mi conferencia en 1891 una bobina que daba chispas de cinco pulgadas. En esa ocasión, les dije francamente a los ingenieros acerca de un defecto que tenía la transformación por medio del nuevo método, a saber, la pérdida en la brecha de la chispa.

Investigaciones posteriores demostraron que no importa qué medio se emplee, ya sea aire, hidrógeno, vapor de mercurio, aceite o una corriente de electrones, la eficiencia es la misma. Es una ley muy parecida a la que regula la conversión de la energía mecánica. Podemos dejar caer un peso desde una cierta altura verticalmente hacia abajo o llevarlo al nivel inferior a lo largo de cualquier camino tortuoso, es irrelevante en lo que se refiere a la cantidad de trabajo. Sin embargo, afortunadamente, este inconveniente no es fatal, ya que, gracias a la correcta dosificación de los circuitos resonantes, se puede alcanzar una eficiencia del 85%.

Desde mi anuncio temprano de la invención, esta ha entrado en uso universal y ha provocado una revolución en muchos departamentos. Pero un futuro aún más grande le espera. Cuando en 1900 obtuve potentes descargas de 100 pies y transmití una corriente alrededor del mundo, recordé la primera chispa diminuta que observé en mi laboratorio de Grand Street y me sobrecogieron sensaciones similares a las que sentí cuando descubrí el campo magnético giratorio.

V. EL TRANSMISOR DE MAGNIFICACIÓN

Mientras reviso los eventos de mi vida pasada, me doy cuenta de cuán sutiles son las influencias que dan forma a nuestros destinos.

Un incidente de mi juventud puede servir para ilustrar.

Un día de invierno logré escalar una montaña empinada, en compañía de otros niños. La nieve era bastante profunda y un cálido viento del sur la hacía adecuada para nuestro propósito. Nos divertíamos lanzando bolas que rodaban una cierta distancia, acumulando más o menos nieve, y tratábamos de superarnos unos a otros en este emocionante deporte. De repente, una de las bolas se fue más allá del límite, creció a proporciones enormes hasta hacerse tan grande como una casa y siguió valle abajo con una fuerza que hizo temblar el suelo. Me quedé fascinado, incapaz de entender lo que había sucedido. Durante las semanas posteriores, la imagen de la avalancha estuvo ante mis ojos y me preguntaba cómo algo tan pequeño podía crecer hasta un tamaño tan inmenso. Desde entonces, la magnificación de las acciones débiles me fascinó, y cuando, años más tarde, empecé el estudio experimental de la resonancia mecánica y eléctrica, desde el principio me interesé mucho.

Posiblemente, de no haber sido por esa primera y poderosa impresión, no habría seguido la pequeña chispa que obtuve con mi bobina y nunca habría desarrollado mi mejor invención, cuya verdadera historia contaré aquí por primera vez.

Los «cazadores de leones» me han preguntado a menudo cuál de mis descubrimientos aprecio más. Esto depende del punto de vista. No pocos técnicos, muy capaces en sus departamentos especiales, pero dominados por un espíritu pedante y miope, han afirmado que, exceptuando el motor de inducción, le he dado al mundo pocas cosas que tengan un uso práctico. Este es un grave error. Una nueva idea no debe ser juzgada por sus resultados inmediatos.

Mi sistema alterno de transmisión de energía se produjo en un momento psicológico, como la respuesta largamente buscada a cuestiones industriales apremiantes, y aunque hubo que superar una resistencia considerable y conciliar intereses opuestos, como de costumbre, la introducción comercial no pudo demorarse mucho.

Ahora, compare esta situación con la que enfrenta mi turbina, por ejemplo. Uno podría pensar que un invento tan simple y tan hermoso, que posee muchas de las características de un motor ideal, debería adoptarse de inmediato y, sin duda, sería bajo condiciones similares.

Ahora bien, el efecto prospectivo del campo giratorio no hacía que la maquinaria existente quedara sin valor; por el contrario, era para darle valor adicional. El sistema se prestaba para nuevas empresas, así como para mejorar las antiguas.

Por el contrario, mi turbina es un avance de un carácter completamente diferente. Es un cambio radical en el sentido de que su éxito significaría tener que abandonar los tipos anticuados de motores principales, en los que ya se han gastado miles de millones de dólares. En tales circunstancias, el progreso tiene que ser lento y quizás el mayor impedimento se encuentre en las perjudiciales opiniones que una oposición organizada ha creado en la mente de los expertos.

Solo el otro día tuve una experiencia desalentadora cuando me encontré con mi amigo y ex asistente, Charles F. Scott, ahora profesor de Ingeniería Eléctrica en Yale. No lo había visto en mucho tiempo y me alegré de tener la oportunidad de charlar un poco en mi oficina. Nuestra conversación, naturalmente, se desvió hacia mi turbina y me avivé muchísimo.

«Scott», exclamé, arrastrado por la visión de un futuro glorioso, «mi turbina convertirá en chatarra todos los motores térmicos del mundo».

Scott se acarició la barbilla y miró hacia otro lado, pensativo, como si estuviera haciendo un cálculo mental.

«Eso crearía un montón de chatarra», dijo, ¡y se fue sin decir otra palabra!

Estos y otros inventos míos, sin embargo, no fueron más que pasos adelante en ciertas direcciones. Al desarrollarlos simplemente seguí el sentido innato por mejorar los dispositivos actuales, sin pensar realmente en nuestras necesidades mucho más imperativas.

El transmisor de magnificación fue producto de labores que se extendieron durante años, teniendo como objetivo principal la solución de problemas infinitamente más importantes para la humanidad que el mero desarrollo industrial.

Si mi memoria no me falla, fue en noviembre de 1890 cuando realicé un experimento de laboratorio que fue uno de los más extraordinarios y espectaculares jamás registrados en los anales de la ciencia. Al investigar el comportamiento de las corrientes de alta frecuencia, me había convencido de que podría producirse un campo eléctrico de intensidad suficiente en una habitación para iluminar los tubos de vacío sin electrodos. En consecuencia, se construyó un transformador para probar la teoría y la primera prueba resultó ser un gran éxito. Es difícil apreciar lo que significaban esos fenómenos extraños en ese momento. Ansiamos nuevas sensaciones, pero pronto nos volvemos indiferentes a ellas. Las maravillas de ayer son hoy ocurrencias comunes. Cuando mis tubos se expusieron públicamente por primera vez, causaron un asombro imposible de describir. De todas partes del mundo recibí urgentes invitaciones y me ofrecieron numerosos honores y otros alicientes halagadores, que rechacé.

Pero en 1892 las demandas se volvieron irresistibles y fui a Londres donde di una conferencia ante el Instituto de Ingenieros Eléctricos. Mi intención era partir de inmediato hacia París, para cumplir con un compromiso similar, pero Sir James Dewar insistió en que apareciera ante la Royal Institution. Yo era un hombre de resolución firme, pero sucumbí fácilmente a los enérgicos argumentos de ese grandioso escocés.

Me empujó en una silla y me sirvió medio vaso de un maravilloso líquido marrón que brillaba en todo tipo de colores iridiscentes y sabía a néctar.

«Ahora», dijo él. «Estás sentado en la silla de Faraday y disfrutas del whisky que solía beber».

En ambos aspectos fue una experiencia envidiable. La noche siguiente di una demostración ante esa institución, al final de la cual Lord Rayleigh se dirigió a la audiencia y sus palabras generosas me dieron mi primer comienzo en estos esfuerzos.

Hui de Londres y luego de París para escapar del «favor» que me inundaba, y viajé a mi casa, donde pasé por una experiencia y una enfermedad muy dolorosa. Al recuperar mi salud comencé a formular planes para reanudar mi trabajo en Estados Unidos. Hasta ese momento nunca me di cuenta de que poseía un «don» particular para el descubrimiento, pero Lord Rayleigh, a quien siempre consideré un hombre de ciencia ideal, lo había dicho y, si ese era el caso, sentí que debía concentrarme en alguna «gran» idea.

Un día, mientras vagaba por las montañas, busqué refugio de una tormenta que se acercaba. El cielo se llenó de pesadas nubes, pero de alguna manera la lluvia se retrasó hasta que, de repente, hubo un relámpago y unos momentos después, un diluvio.

Esta observación me hizo pensar.

Era evidente que los dos fenómenos estaban estrechamente relacionados, como causa y efecto, y una pequeña reflexión me llevó a la conclusión de que la energía eléctrica involucrada en la precipitación del agua era despreciable, siendo la función de los rayos muy parecida a la de un sensible gatillo.

Aquí había una estupenda posibilidad de logro. Si pudiésemos producir efectos eléctricos de la calidad requerida, todo este planeta y las condiciones de existencia en él podrían transformarse.

El sol evapora el agua de los océanos y el viento la lleva hasta regiones distantes, donde permanece en un estado que tiene el más delicado equilibrio. Si estuviese en nuestro poder el alterar este equilibrio cuándo y dónde quisiéramos, este poderoso torrente —que sostiene la vida—, podría controlarse a voluntad. Podríamos regar los desiertos áridos, crear lagos y ríos y proporcionar energía en cantidades ilimitadas. Esta sería la forma más eficiente de aprovechar el sol para los usos humanos.

La consumación de esta idea dependía de nuestra capacidad para desarrollar fuerzas eléctricas similares a las de la naturaleza.

Parecía una tarea sin esperanza, pero me decidí a tratar, e inmediatamente a mi regreso a los Estados Unidos, en el verano de 1892, se comenzó a trabajar, lo que me resultó aún más atractivo, porque un medio del mismo tipo era necesario para la transmisión exitosa de energía sin cables.

El primer resultado satisfactorio se obtuvo en la primavera del año siguiente cuando alcancé tensiones de aproximadamente 1 000 000 de voltios con mi bobina cónica. Eso no era mucho a la luz de la tecnología actual, pero entonces se consideró una hazaña.

El progreso fue constante hasta que el fuego destruyó mi laboratorio en 1895, como puede ser juzgado según el artículo escrito por T.C. Martin, que apareció en la edición de abril de la revista Century.

Esta calamidad me hizo retroceder de muchas maneras, y la mayor parte de ese año hubo que dedicarlo a la planificación y a la reconstrucción. Sin embargo, tan pronto como las circunstancias lo permitieron, volví a la tarea.

Aunque sabía que era posible lograr fuerzas electro motivas superiores con aparatos de mayores dimensiones, tuve la percepción instintiva de que el objetivo podía lograrse mediante el diseño adecuado de un transformador comparativamente pequeño y compacto.

Al realizar pruebas con un secundario en forma de espiral plana, como se ilustra en mis patentes, la ausencia de serpentinas *(streamers)* me sorprendió, y pronto descubrí que esto se debía a la posición de los giros y su acción mutua.

Aprovechando esta observación, recurrí al uso de un conductor de alta tensión con giros de un diámetro considerable lo suficientemente separados para mantener baja la capacidad distribuida, mientras que al mismo tiempo evitaba la acumulación indebida de la carga en cualquier punto.

La aplicación de este principio me permitió producir presiones de 4 000 000 voltios, que eran cercanas al límite que se podía obtener en mi nuevo laboratorio en Houston Street, ya que las descargas se extendían hasta una distancia de 16 pies. Una fotografía de este transmisor fue publicada en la revista Electrical Review de noviembre de 1898.

Para seguir avanzando en esta línea, tuve que salir del laboratorio e ir al aire libre, y en la primavera de 1899, habiendo completado los preparativos para la instalación de una planta inalámbrica, fui a Colorado, donde permanecí por más de un año. Aquí introduje otras mejoras y refinamientos que hicieron posible generar corrientes de cualquier tensión que se pueda desear.

Aquellos interesados encontrarán información sobre los experimentos que realicé allí en mi artículo, *El problema de incrementar la energía humana* en la revista Century, de junio de 1900, al que me he referido en una ocasión anterior.

El EXPERIMENTADOR ELÉCTRICO (*ELECTRICAL EXPERIMENTER*) me ha pedido que sea bastante explícito sobre este tema para que mis jóvenes amigos entre los lectores de la revista entiendan claramente la construcción y el funcionamiento de mi transmisor de magnificación y el propósito para el que está destinado. Bueno, entonces:

En primer lugar, es un transformador resonante, con un secundario en el que las partes, cargadas a un alto potencial, tienen un área considerable y están dispuestas en el espacio a lo largo de superficies envolventes ideales de radios de curvatura muy grandes, y a distancias adecuadas entre sí, asegurando así una pequeña densidad de superficie eléctrica en todas partes para que no se puede producir una fuga incluso si el conductor está desnudo.

Es adecuado para cualquier frecuencia, de unos pocos a muchos miles de ciclos por segundo, y se puede utilizar en la producción de corrientes de tremendo volumen y presión moderada, o de amperaje más pequeño e inmensa fuerza electromotriz.

La tensión eléctrica máxima depende simplemente de la curvatura de las superficies sobre las que se encuentran los elementos cargados y el área de estos últimos.

A juzgar por mi experiencia pasada, hasta 100 000 000 voltios son perfectamente factibles. Por otro lado, se pueden obtener corrientes de muchos miles de amperios en la antena. Para tales resultados se requiere una planta de dimensiones muy moderadas. Teóricamente, una terminal de menos de 90 pies de diámetro es suficiente para desarrollar una fuerza electromotriz de esa magnitud, mientras que para corrientes de antena de 2000 a 4000 amperios a las frecuencias habituales, no es necesario que tenga más de 30 pies de diámetro.

En un sentido más restringido, este transmisor inalámbrico es uno en el que la radiación de onda de Hertz se produce en una cantidad totalmente despreciable en comparación con toda la energía, en cuya condición el factor de amortiguamiento es extremadamente pequeño y se almacena una carga enorme en la capacidad elevada.

Dicho circuito puede ser excitado con impulsos de cualquier tipo, incluso de baja frecuencia y producirá oscilaciones sinusoidales y continuas como las de un alternador.

Sin embargo, tomando el significado más estrecho del término, es un transformador resonante que, además de poseer estas cualidades, está proporcionado con precisión para adaptarse al globo terráqueo y sus constantes y propiedades eléctricas, en virtud de lo cual su diseño se vuelve altamente eficiente y efectivo en la transmisión inalámbrica de energía.

Entonces, la distancia se elimina absolutamente, sin que disminuya la intensidad de los impulsos transmitidos. Incluso es posible hacer que las acciones aumenten con la distancia de la planta, de acuerdo con una ley matemática exacta.

Este invento fue uno de varios comprendido en mi sistema mundial de transmisión inalámbrica, que comencé a comercializar a mi regreso a Nueva York en 1900.

En cuanto a los propósitos inmediatos de mi empresa, estaban claramente descritos en una declaración técnica de ese período de la cual cito:

«El Sistema Mundial es el resultado de una combinación de varios descubrimientos originales realizados por el inventor en el curso de una larga y continua investigación y experimentación. No solo permite la transmisión inalámbrica instantánea y precisa de cualquier tipo de señales, mensajes o caracteres, a todas partes del mundo, sino también la interconexión del telégrafo, teléfono y otras estaciones de señal existentes sin ningún cambio en sus equipos actuales.

Por medio de ella, por ejemplo, un suscriptor de teléfono aquí puede llamar y hablar con cualquier otro suscriptor en el mundo.

Un receptor económico, no más grande que un reloj, le permitirá escuchar en cualquier lugar, en tierra o mar, palabras o música generados en algún otro lugar, sin importar la distancia.[7]

Estos ejemplos se citan simplemente para dar una idea de las posibilidades de este gran avance científico, que elimina la distancia y hace que ese perfecto conductor natural, la Tierra, esté disponible para todos los innumerables propósitos que el ingenio humano ha encontrado para un cable de línea.

Un resultado de gran alcance de esto es que cualquier dispositivo capaz de ser operado a través de uno o más cables (a una distancia obviamente restringida) también puede ser

---

[7] Es increíble leer como hace más de un siglo, había sentado las bases del mundo de hoy, pues esta descripción no difiere en mucho de nuestro internet actual. ¡Y pensar que, durante un siglo, los intereses económicos de unas cuantas compañías estadounidenses escondieron y enterraron todos estos inventos!

accionado, sin conductores artificiales y con la misma facilidad y precisión, a distancias a las que no existen más límites que los impuestos por las dimensiones físicas del globo. Por lo tanto, no solo se abrirán campos completamente nuevos para la explotación comercial mediante este método ideal de transmisión, sino que también se extenderán enormemente los existentes.

El Sistema Mundial se basa en la aplicación de los siguientes inventos y descubrimientos importantes:

(a) El 'Transformador Tesla'. Este aparato es tan revolucionario en la producción de vibraciones eléctricas, como lo fue la pólvora en la guerra. El inventor ha producido corrientes mucho más fuertes que las generadas de la forma habitual, y chispas de más de cien pies de largo, con un instrumento de este tipo.

(b) El 'transmisor de magnificación'. Este es el mejor invento de Tesla, un peculiar transformador especialmente adaptado para excitar la Tierra, y que es a la transmisión de energía eléctrica lo que el telescopio es a la observación astronómica. Mediante el uso de este maravilloso dispositivo, ya se han generado movimientos eléctricos de mayor intensidad que los de un rayo y han logrado pasar una corriente, suficiente para encender más de doscientas lámparas incandescentes, alrededor del Globo.

(c) El 'Sistema Inalámbrico Tesla'. Este sistema comprende una serie de mejoras y es el único medio conocido para transmitir de manera económica energía eléctrica a distancia sin cables. Pruebas y mediciones cuidadosas en conexión con una estación experimental de gran actividad, erigidas por el inventor en Colorado, han demostrado que puede transmitirse potencia en cualquier cantidad deseada, alrededor del mundo si es necesario, con una pérdida que no excede un pequeño porcentaje.

(d) El 'Arte de la Individualización'. Esta invención de Tesla es para el primitivo 'sintonizador' lo que el lenguaje refinado es para la expresión no articulada. Posibilita la transmisión de señales o mensajes absolutamente secretos y exclusivos tanto en el aspecto activo como en el pasivo, es decir, no interfiere y no se puede interferir. Cada señal es como un individuo cuya identidad es inequívoca y prácticamente no hay límite en el número de estaciones o instrumentos que pueden operarse simultáneamente sin la más mínima perturbación mutua.

(e) 'Las ondas estacionarias terrestres'. Este maravilloso descubrimiento, explicado popularmente, significa que la Tierra responde a las vibraciones eléctricas de tono definido, como un diapasón a ciertas ondas de sonido. Estas vibraciones eléctricas particulares, capaces de excitar poderosamente el Globo Terráqueo, se prestan a innumerables usos de gran importancia comercial y en muchos otros aspectos.

La primera central eléctrica del Sistema Mundial puede ponerse en funcionamiento en nueve meses. Con esta planta de energía será factible lograr actividades eléctricas de hasta diez millones de caballos de fuerza y está diseñada para servir para tantos logros técnicos como sea posible sin mucho costo. Entre estos se pueden mencionar los siguientes:

La interconexión de las oficinas telegráficas en todo el mundo;

El establecimiento de un servicio de telégrafo gubernamental secreto e ininterrumpido;

La interconexión de todas las centrales telefónicas del mundo;

La distribución universal de noticias generales, por telégrafo o teléfono, en coordinación con la prensa;

El establecimiento de un 'sistema mundial' de transmisión de inteligencia para uso privado exclusivo;

La interconexión y operación de todos los mercados accionarios del mundo;

El establecimiento de un Sistema Mundial de distribución musical, etc.

El registro universal del tiempo por medio de relojes baratos que indiquen la hora con precisión astronómica y que no requieran ningún tipo de cuidado.

La transmisión mundial de caracteres mecanografiados o escritos a mano, letras, cheques, etc.

El establecimiento de un servicio marino universal que permita a los navegantes de todos los buques, determinar la ubicación exacta, hora y velocidad, para evitar colisiones y desastres, etc.

La inauguración de un sistema de impresión mundial en tierra y mar;

La reproducción mundial de imágenes fotográficas y todo tipo de dibujos o registros.

También propuse hacer demostraciones en la transmisión inalámbrica de energía en pequeña escala, pero suficiente para provocar convicción. Además de esto, me referí a otras aplicaciones incomparablemente más importantes de mis descubrimientos que se divulgarán en una fecha futura.

Se construyó una planta en Long Island, con una torre de 187 pies de altura y una terminal esférica de 68 pies de diámetro. Estas dimensiones eran adecuadas para la transmisión de prácticamente cualquier cantidad de energía. Originalmente solo se proporcionaban entre 200 y 300 KW, pero yo tenía el propósito de emplear posteriormente varios miles de caballos de fuerza. El transmisor debía emitir una ola compleja de características especiales y he diseñado un método único de control telefónico para cualquier cantidad de energía.

La torre fue destruida hace dos años, pero mis proyectos se están desarrollando y se construirá una más, a la cual se le mejorarán algunas características.

Quiero aprovechar la ocasión para contradecir el muy circulado informe de que la estructura fue demolida por el gobierno. Esto, debido a las condiciones de la guerra, podría crear prejuicios en la mente de quienes no saben que los documentos que hace treinta años me confirieron el honor de la ciudadanía estadounidense, siempre se guardan en un lugar seguro, en tanto los diplomas, títulos, medallas de oro y otras distinciones se guardan en viejos baúles.

Si este informe tuviese base, me hubiesen reembolsado una gran suma de dinero que gasté en la construcción de la torre. Por el contrario, el gobierno tenía interés en preservarlo, especialmente porque habría hecho posible, por mencionar solo un resultado valioso, la localización de un submarino en cualquier parte del mundo.

Mi planta, mis servicios y todas mis mejoras siempre han estado a disposición de los oficiales del gobierno, y, desde el estallido del conflicto europeo, he estado trabajando a costa de mi propio sacrificio en varios inventos míos relacionados con la navegación aérea, la propulsión de barcos y la transmisión inalámbrica que son de la mayor importancia para el país.

Aquellos que están bien informados saben que mis ideas han revolucionado las industrias de los Estados Unidos y no estoy consciente de que haya un inventor que haya sido, a este respecto, tan afortunado como yo, especialmente en lo que respecta al uso de sus mejoras en la guerra.

Me he abstenido de expresarme públicamente sobre este tema antes, ya que parecía impropio hablar de asuntos personales, mientras que todo el mundo estaba en graves problemas.

Me gustaría añadir, además, en vista de varios rumores que me han llegado, que el señor J. Pierpont Morgan no se interesó por mí de una manera comercial, sino con el mismo gran espíritu con el que ha ayudado a muchos otros pioneros. Cumplió su generosa promesa a la carta y hubiese sido de lo más irracional esperar de él algo más.

Él tuvo el mayor respeto por mis logros y me dio todas las pruebas de su completa fe en mi capacidad para lograr, en última instancia, lo que me había propuesto hacer.

No estoy dispuesto a conceder a algunos individuos envidiosos y de mente pequeña la satisfacción de haber frustrado mis esfuerzos. Estos hombres no son más que microbios de una enfermedad desagradable. Mi proyecto fue retrasado por las leyes de la naturaleza. El mundo no estaba preparado para ello. Estaba demasiado adelantado para su tiempo. Pero las mismas leyes prevalecerán al final y lo convertirán en un éxito triunfal.

VI. EL ARTE DE LA TELAUTOMATIZACIÓN

Ningún tema al que me haya dedicado ha requerido tanta concentración mental —ni ha extenuado hasta un grado tan peligroso las fibras más finas de mi cerebro—, como el sistema en el que se basa el transmisor de magnificación.

Puse toda la intensidad y el vigor de la juventud en el desarrollo de los descubrimientos del campo rotatorio, pero esos primeros trabajos fueron de un carácter diferente. Aunque extenuantes en extremo, no implicaban ese discernimiento agudo y agotador que debía ejercerse para atacar los muchos y desconcertantes problemas de la tecnología inalámbrica. A pesar de mi rara resistencia física en ese período, los nervios maltratados finalmente se rebelaron y sufrí un colapso completo, justo cuando la consumación de la larga y difícil tarea estaba casi a la vista.

Sin lugar a dudas, habría pagado una penalidad mayor más tarde —y es probable que mi carrera hubiera terminado prematuramente—, si la providencia no me hubiese equipado con un dispositivo de seguridad, que parece haber mejorado con el paso de los años y que, indefectiblemente, entra en acción cuando mis fuerzas están llegando a su final. Mientras funcione, estoy a salvo del peligro —debido al exceso de trabajo— que amenaza a otros inventores y, por cierto, no necesito las vacaciones que son indispensables para la mayoría de las personas. Cuando estoy casi agotado, simplemente hago como ciertas razas, que se duermen naturalmente mientras que los blancos se preocupan.

Para aventurar una teoría fuera de mi campo, lo que sucede es que mi cuerpo probablemente acumula poco a poco una cantidad definida de algún agente tóxico y me sumerjo en un estado casi letárgico que dura exactamente media hora. Al despertar, tengo la sensación de que los acontecimientos inmediatamente precedentes han ocurrido hace mucho tiempo, y si intento continuar con la línea de pensamiento interrumpida, siento una verdadera náusea mental. De manera involuntaria, desvío mi atención hacia otros trabajos y me sorprende la frescura de mente y la facilidad con que supero obstáculos que antes me habían desconcertado.

Después de semanas o meses, regresa mi pasión por la invención abandonada temporalmente, e invariablemente encuentro respuestas a todas las preguntas desconcertantes sin casi ningún esfuerzo.

En conexión con lo anterior contaré una experiencia extraordinaria que puede ser de interés para los estudiantes de psicología.

Había producido un fenómeno sorprendente con mi transmisor conectado a tierra y me estaba esforzando por determinar su verdadero significado en relación con las corrientes propagadas a través de la tierra.

Parecía una empresa sin esperanza, y durante más de un año trabajé incansablemente, pero en vano.

Este profundo estudio me absorbió tan completamente que me olvidé de todo lo demás, incluso de mi socavada salud. Por fin, cuando había llegado al punto de quiebra, la naturaleza aplicó el sistema de seguridad, induciéndome al sueño letal.

Al recuperar mis sentidos, me di cuenta con consternación de que era incapaz de visualizar escenas de mi vida, excepto las de la infancia, las primeras que habían entrado en mi conciencia. Curiosamente, estas aparecieron ante mi visión con una claridad sorprendente y me brindaron un bienvenido alivio. Noche tras noche, al retirarme, pensaba en ellas y se revelaba más y más de mi existencia anterior.

La imagen de mi madre fue siempre la figura principal en el espectáculo que se desarrollaba lentamente, y el deseo creciente de volver a verla se fue apoderando de mí.

Este sentimiento creció tan fuerte que resolví abandonar todo trabajo y satisfacer mi anhelo. Pero me resultó muy difícil separarme del laboratorio, y pasaron varios meses durante los cuales tuve éxito en revivir todas las impresiones de mi vida pasada hasta la primavera de 1892.

En la siguiente imagen que emergió de la niebla del olvido, me vi en el Hotel de la Paix en París, conforme salía de uno de mis peculiares «hechizos de sueño», que había sido causado por un esfuerzo prolongado del cerebro.

Imaginen el dolor y la angustia que sentí cuando vi en mi mente que en ese preciso momento me habían entregado un mensaje con la triste noticia de que mi madre estaba muriendo.

Recordé cómo hice el largo viaje a casa sin descansar un minuto, ¡y cómo ella murió después de semanas de agonía!

Fue especialmente notable que, durante todo este período en que mi memoria estuvo parcialmente borrada, estuve completamente vivo y alerta en todo lo referente al tema de mi investigación. Podía recordar los detalles más pequeños y las más insignificantes observaciones de mis experimentos e incluso recitar páginas de texto y fórmulas matemáticas complejas.

Creo firmemente en una ley de compensación. Las verdaderas recompensas son siempre proporcionales al trabajo y los sacrificios realizados.

Esta es una de las razones por las que estoy seguro de que, de todos mis inventos, el Transmisor de Magnificación será el más importante y valioso para las generaciones futuras.

Me siento impulsado a esta predicción no tanto al pensar en la revolución comercial e industrial que seguramente provocará, sino por las consecuencias humanitarias de los muchos logros que hará posible.

Las consideraciones de la mera utilidad pesan poco en la balanza contra los mayores beneficios de la civilización. Nos enfrentamos a problemas portentosos que no se pueden resolver solo proveyendo para nuestra existencia material, por abundantemente que sea.

Por el contrario, el progreso en esta dirección está lleno de peligros, y peligros no menos amenazadores que los nacidos de la necesidad y el sufrimiento. Si liberásemos la energía del átomo o descubriésemos alguna otra forma de desarrollar poder barato e ilimitado en cualquier punto del globo, este logro, en lugar de ser una bendición, podría generar un desastre a la humanidad, al generar una disensión y anarquía que en última instancia resultaría en la entronización del odiado régimen de fuerza.

La mayor buena voluntad proviene de avances técnicos que tiendan a la unificación y la armonía, y mi transmisor inalámbrico es el principal. Por su medio, la voz y la semejanza humanas se reproducirán en todas partes y las fábricas se moverán a miles de kilómetros de las cascadas que proporcionan la energía; las máquinas aéreas serán propulsadas alrededor de la tierra sin parar; y la energía del sol será controlada a fin de crear lagos y ríos con fines motrices y para la transformación de desiertos áridos en tierras fértiles. Su introducción para usos telegráficos, telefónicos y similares eliminará automáticamente la estática y todas las demás interferencias que en la actualidad imponen límites estrechos a la aplicación de la tecnología inalámbrica.

Este tema de la estática es un tema oportuno en el que algunas palabras no estarán de sobra.

Durante la última década, varias personas han afirmado con arrogancia que han logrado eliminar este impedimento. He examinado cuidadosamente todos los «avances» descritos y he probado la mayoría mucho antes de que se divulgaran públicamente, pero el resultado fue uniformemente negativo.

Una reciente declaración oficial de la Marina de los EE. UU. quizás haya enseñado a algunos inocentes editores de noticias cómo tomar estos anuncios en su verdadero valor.

Como regla general, estos intentos se basan en teorías tan falaces que, cuando llegan a mi conocimiento, no puedo evitar pensar en ellos en una «vena más ligera» o cómica.

Recientemente, se anunció un nuevo descubrimiento, con un ensordecedor ruido de trompetas, pero resultó ser otro caso de una montaña que lo que traía era un ratón.

Esto me recuerda un incidente emocionante que ocurrió hace años cuando estaba realizando mis experimentos con corrientes de alta frecuencia. Steve Brodie acababa de saltar del puente de Brooklyn. La hazaña ha sido vulgarizada desde entonces por los imitadores, pero la primera vez electrificó a Nueva York. Yo era muy impresionable entonces y frecuentemente hablaba del atrevido impresor[8].

En una calurosa tarde sentí la necesidad de refrescarme y entré en una de las treinta mil instituciones populares de esta gran ciudad donde se servía una deliciosa bebida con doce por ciento de alcohol, de las que ahora solo se puede tomar si uno viaja a los países pobres y devastados de Europa[9].

Había mucha gente, no especialmente distinguida, y se discutía un asunto que me dio una admirable apertura para

---

[8] Uno de los trabajos que se le achacaban a Brodie era el de impresor de libros. N. de T.

[9] El libro se escribe durante la "prohibición" del alcohol en EE.UU. Europa todavía está devastada por la primera guerra mundial.

hacer un comentario descuidado: «Eso es lo que dije cuando salté del puente».

Apenas pronuncié estas palabras, me sentí como la compañera de Timoteo en el poema de Schiller. En un instante hubo un pandemónium y una docena de voces gritaron: «¡Es Brodie!» Tiré veinticinco centavos en el mostrador y corrí hacia la puerta, pero la multitud estaba pisándome los talones con los gritos: «¡Detente, Steve!», lo que posiblemente fue malinterpretado por varias personas que intentaron detenerme mientras yo corría frenéticamente hacia mi refugio.

Doblando por varias esquinas, afortunadamente logré, por medio de una escalera de incendios, llegar al laboratorio donde me quité el abrigo, me camuflé como un ocupado herrero y empecé la fragua. Pero estas precauciones resultaron innecesarias: había logrado eludir a mis perseguidores.

Por varios años luego del incidente, en las noches cuando me iba a la cama, en los momentos en que la imaginación convierte en espectros de los problemas más pequeños del día, a menudo pensaba cuál habría sido mi destino si la multitud me hubiese atrapado y hubiese descubierto ¡que no era Steve Brodie!

Ahora, volviendo al ingeniero que recientemente dio cuenta ante un cuerpo técnico de una solución novedosa contra la estática basada en una ley de la naturaleza hasta ahora desconocida, parece haber sido tan imprudente como yo mismo cuando afirmó que las perturbaciones se propagan hacia arriba y hacia abajo, mientras que las ondas del transmisor avanzan siguiendo la forma de la tierra.

Lo anterior significaría que un condensador, como este globo terráqueo, con su envoltura gaseosa, podría ser cargado y descargado de una manera bastante contraria a las enseñanzas fundamentales que se proponen en cada texto elemental de física.

Tal suposición habría sido condenada como errónea, incluso en la época de Franklin, porque los hechos relacionados con esto ya eran bien conocidos entonces y la identidad entre la electricidad atmosférica y la desarrollada por las máquinas estaba plenamente establecida.

Obviamente, las perturbaciones naturales y artificiales se propagan a través de la tierra y el aire exactamente de la misma manera, y ambas establecen fuerzas electromotrices tanto en sentido horizontal como vertical.

La interferencia no puede ser superada por ninguno de los métodos que se estaban proponiendo. La verdad es esta: en el aire, el potencial aumenta a una velocidad de alrededor de cincuenta voltios por pie de elevación, debido a que puede haber una diferencia de presión de veinte o incluso cuarenta mil voltios entre los extremos superior e inferior de la antena. Las masas de la atmósfera cargada están constantemente en movimiento y dan electricidad al conductor, no de manera continua sino de forma disruptiva, lo que produce un ruido estático en un receptor telefónico sensible.

Cuanto más alto es el terminal y mayor el espacio que abarcan los cables, más pronunciado es el efecto, pero debe entenderse que es puramente local y tiene poco que ver con el problema real.

En 1900, mientras perfeccionaba mi sistema inalámbrico, uno de los aparatos comprendía cuatro antenas. Estas se calibraron cuidadosamente a la misma frecuencia y se conectaron en múltiple con el objeto de magnificar la acción, al recibir desde cualquier dirección. Cuando quise determinar el origen de los impulsos transmitidos, cada par situado en diagonal se puso en serie con una bobina primaria que daba energía al circuito del detector. En el primer caso el sonido era fuerte en el teléfono; en el segundo cesaba, como lo esperábamos, pues las dos antenas se neutralizaban mutuamente, pero en ambos casos se manifestó verdadera estática y tuve que idear sistemas preventivos especiales que representaban diferentes principios.

Al emplear receptores conectados a dos puntos del suelo, como sugerí hace mucho tiempo, este problema causado por el aire cargado, que es muy grave en las estructuras que se construyen ahora, queda anulado y, además, la exposición a todo tipo de interferencias se reduce a aproximadamente la mitad, debido al carácter direccional del circuito.

Esto era perfectamente evidente por sí mismo, pero fue una revelación para algunos «inalámbricos» de mente simple cuya experiencia se limitaba a aparatos que podrían haberse mejorado con un hacha, y que le habían estado quitando la piel al oso antes de matarlo.

Si fuese cierto que los fenómenos de interferencia (*strays*) actuaran así, sería fácil deshacerse de ellos recibiendo sin antenas. Pero, de hecho, un cable enterrado en el suelo que, de acuerdo con esta visión, debería ser absolutamente inmune, es más susceptible a ciertos impulsos externos que uno colocado verticalmente en el aire.

Para decirlo de manera justa, se ha logrado cierto progreso, pero no en virtud de ningún método o dispositivo en particular. Se logró simplemente descartando las enormes estructuras, que son más o menos malas para la transmisión pero totalmente inadecuadas para la recepción, y adoptando un tipo de receptor más apropiado.

Como señalé en un artículo anterior, para eliminar esta dificultad para siempre, se debe hacer un cambio radical en el sistema, y cuanto antes se haga, mejor.

¿Monopolio Gubernamental?

Sería una calamidad, de hecho, si en este momento —cuando esta tecnología está en su infancia y la gran mayoría, sin exceptuar ni siquiera a los expertos, no tiene ni idea de sus posibilidades finales—, se apresurara alguna medida legislativa que la convirtiera en monopolio gubernamental.

Esto fue propuesto hace unas semanas por el secretario Daniels, y sin duda ese distinguido funcionario ha presentado su petición al Senado y la Cámara de Representantes con sincera convicción.

Pero la evidencia universal muestra inequívocamente que los mejores resultados siempre se obtienen mediante una saludable competencia comercial.

Hay, sin embargo, razones excepcionales por las que a la tecnología inalámbrica se le debe conceder la mayor libertad de desarrollo. En primer lugar, ofrece perspectivas inmensurablemente mayores y más vitales para el mejoramiento de la vida humana que cualquier otro invento o descubrimiento en la historia humana.

Pero una vez más debe entenderse que esta maravillosa tecnología ha sido, en su totalidad, desarrollada aquí y puede ser llamada «americana» con más derecho y propiedad que el teléfono, la lámpara incandescente o el avión.

Periodistas emprendedores y empleados de bolsa han tenido tanto éxito en difundir información errónea que incluso una publicación tan excelente como la Scientific American otorga el crédito principal a un país extranjero.

Los alemanes, por supuesto, nos dieron las ondas de Hertz y los expertos rusos, ingleses, franceses e italianos rápidamente las usaron con fines de señalización. Esta era una aplicación obvia del nuevo agente y se lograba con la antigua bobina de inducción clásica y sin mejoras, prácticamente nada más que otro tipo de heliografía.

El radio de transmisión era muy limitado, los resultados alcanzados de poco valor, y las oscilaciones de Hertz, como un medio para transmitir informaciones de inteligencia, podrían haber sido reemplazadas ventajosamente por ondas de sonido, como lo recomendé en 1891.

Además, todos estos intentos fueron realizado tres años después de que los principios básicos del sistema inalámbrico que se emplea universalmente hoy en día —y sus potentes instrumentos— se habían descrito y desarrollado claramente en los Estados Unidos.

Ya hoy en día no queda rastro de esos aparatos y métodos hertzianos. Hemos procedido en la dirección opuesta y lo que se ha hecho es producto de cerebros y esfuerzos de los ciudadanos de este país. Las patentes fundamentales han caducado y las oportunidades están abiertas a todos.

El principal argumento del secretario de Gobierno se basa en la interferencia. Según su declaración, reportada en el New York Herald del 29 de julio, las señales de una poderosa estación pueden interceptarse en cualquier aldea en el mundo. En vista de este hecho, que se demostró en mis experimentos de 1900, sería de poca utilidad imponer restricciones en los Estados Unidos.

Como una luz sobre este punto, puedo mencionar que solo recientemente un caballero de aspecto extraño me llamó con el objeto de contratar mis servicios para construir «transmisores mundiales» en una tierra lejana.

«No tenemos dinero», dijo, «pero tenemos oro sólido en carretones y le daremos una cantidad liberal».

Le dije que quería ver primero qué se hará con mis invenciones en Estados Unidos, y con esto terminó la entrevista.

Pero estoy convencido de que algunas fuerzas oscuras están actuando y, a medida que pase el tiempo, el mantenimiento de la comunicación continua será más difícil. El único remedio es un sistema inmune a la interrupción. Se ha perfeccionado, existe y todo lo que se necesita es ponerlo en funcionamiento.

El terrible conflicto sigue sobre todo en las mentes, y quizás la mayor importancia se le atribuirá al Transmisor de Magnificación como una máquina para el ataque y la defensa, más particularmente en relación con la Teleautomática.

Este invento es un resultado lógico de las observaciones iniciadas en mi infancia y que continuaron a lo largo de mi vida. Cuando se publicaron los primeros resultados, Electrical Review declaró en su editorial que se convertiría en uno de los «factores más potentes en el avance y la civilización de la humanidad».

Ya no está lejos el momento en que se cumplirá esta predicción. En 1898 y 1900 se ofreció al gobierno y podría haberse adoptada si yo no hubiese sido uno de esos que «acude al pastor de Alexander cuando quiere un favor de Alexander».

En aquel momento realmente pensé que aboliría la guerra, debido a su capacidad ilimitada de destrucción y la exclusión del elemento personal de combate. Pero, aunque no he perdido la fe en sus potencialidades, mis opiniones han cambiado desde entonces.

La guerra no puede evitarse hasta que se elimine la causa física de su recurrencia y esto, en el último análisis, es la vasta extensión del planeta en el que vivimos.

Solo al eliminar la distancia en todos los aspectos, —en transmisión de inteligencia, transporte de pasajeros y suministros y transmisión de energía—, se lograrán las condiciones algún día, asegurando la permanencia de las relaciones amistosas.

Lo que más deseamos ahora es un contacto más estrecho y una mejor comprensión entre los individuos y las comunidades de toda la tierra, y la eliminación de esa devoción fanática a los ideales exaltados de egoísmo nacional y orgullo que siempre es propenso a sumergir al mundo en la barbarie y la lucha primitivas.

Ninguna «liga de naciones» o acto parlamentario de ningún tipo impedirá tal calamidad.

Estos son solo nuevos dispositivos para poner a los débiles a merced de los fuertes. Me he expresado a este respecto hace catorce años, cuando el fallecido Andrew Carnegie, quien puede ser considerado como el padre de esta idea, defendió una combinación de algunos de los principales gobiernos, una especie de Santa Alianza, habiéndole dado más publicidad e ímpetu que nadie previo a los esfuerzos del Presidente.

Si bien no se puede negar que tal pacto podría ser una ventaja material para algunos pueblos menos afortunados, no puede alcanzar el objetivo principal buscado. La paz solo puede venir como consecuencia natural de la iluminación universal y la fusión de razas, y todavía estamos lejos de esta realización dichosa.

Como veo el mundo de hoy, a la luz de la lucha gigantesca que acabamos de presenciar, estoy convencido que los intereses de la humanidad estarían mejor servidos si Estados Unidos se mantuviese fiel a sus tradiciones y se mantuviese fuera de «enredadas alianzas».

Situado como lo está, geográficamente, distante de los teatros de conflictos inminentes, sin incentivo para la expansión territorial, con recursos inagotables y una inmensa población imbuida del espíritu de libertad y el derecho, este país tiene una posición única y privilegiada. De esta manera es capaz de ejercer, independientemente, su colosal fortaleza y fuerza moral en beneficio de todos, más juiciosa y efectivamente, que como miembro de una liga.[10]

En uno de los primeros capítulos, he analizado las circunstancias de mi vida temprana y mencionado una aflicción que me obligaba a un incesante ejercicio de imaginación y de auto observación.

Esta actividad mental, al principio involuntaria bajo la presión de la enfermedad y el sufrimiento, gradualmente se convirtió en una segunda naturaleza y finalmente me llevó a reconocer que yo no era más que un autómata que carecía de libre albedrío en el pensamiento y la acción y meramente respondía a las fuerzas del entorno.

Nuestros cuerpos son estructuralmente tan complejos, los movimientos que realizamos son tan numerosos y específicos, y las impresiones externas en nuestros órganos sensoriales son tan delicadas y esquivas que es difícil para la persona promedio comprender este hecho. Y, sin embargo, nada es más convincente para el investigador capacitado que la teoría mecanicista de la vida que, en cierta medida, entendió y propuso Descartes hace trescientos años.

Pero en su tiempo muchas funciones importantes de nuestro organismo eran desconocidas y, especialmente con respecto a la naturaleza de la luz y la construcción y operación del ojo, los filósofos estaban en la oscuridad.

En los últimos años, el progreso de la investigación científica en estos campos ha sido tal que no deja lugar a dudas con respecto a este punto de vista sobre el que se han publicado muchos trabajos.

---

[10] Tesla publica esta autobiografía en 1919. El mundo acaba de pasar por la Gran Guerra, la primera Guerra Mundial, cuyos efectos y devastación fueron enormes; y se está en plena discusión para la formación de la Liga de las Naciones.

Uno de sus exponentes más hábiles y elocuentes es, tal vez, Felix Le Dantec, ex asistente de Pasteur. El profesor Jacques Loeb ha realizado notables experimentos en heliotropismo, estableciendo claramente el poder de control de la luz sobre formas más bajas de organismos, y su último libro, *Forced Movements,* (Movimientos forzados) es revelador.

Pero mientras los hombres de ciencia aceptan esta teoría simplemente como cualquier otra que se reconozca, para mí es una verdad que cada hora demuestro por cada acto y pensamiento mío.

La conciencia de la impresión externa que me lleva a cualquier tipo de esfuerzo físico o mental está siempre presente en mi mente. Solo en muy raras ocasiones, estando en un estado de excepcional concentración, he encontrado dificultades para localizar los impulsos originales.

La gran mayoría de seres humanos nunca es consciente de lo que está pasando a su alrededor y dentro de ellos, y millones son víctimas de enfermedades y mueren prematuramente solo por este motivo. Las ocurrencias cotidianas más comunes les parecen misteriosas e inexplicables. Uno puede sentir una repentina ola de tristeza y rastrillar su cerebro buscando una explicación, cuando pudo simplemente haber notado que fue causado por una nube que interrumpió los rayos del sol.

Cuando pierde un botón del cuello, se queja y jura por una hora, incapaz de visualizar sus acciones anteriores y de localizar el objeto directamente.

La observación deficiente es simplemente una forma de ignorancia y es responsable de las muchas nociones mórbidas e ideas tontas que prevalecen.

Nueve de cada diez personas creen en la telepatía y otras manifestaciones psíquicas, el espiritismo y la comunión con los muertos, y no se negarían a escuchar a quienes les están engañando con estas cosas, voluntariamente o no.

Solo para ilustrar cuán profundamente arraigada se ha vuelto esta tendencia incluso entre la parte «con la cabeza clara» de la población norteamericana, puedo mencionar un incidente cómico.

Poco antes de la guerra, cuando la exposición de mis turbinas en esta ciudad provocó comentarios generalizados en las publicaciones técnicas, anticipé que habría un revuelo entre los fabricantes para obtener el invento, y particularmente por parte de ese hombre de Detroit que tiene una extraña facultad para acumular millones.

Tenía tanta confianza en que aparecería algún día, que lo di por seguro a mi secretaria y asistentes. Efectivamente, una buena mañana, un cuerpo de ingenieros de la Ford Motor Company se presentaron con la solicitud de discutir conmigo un proyecto importante.

«¿No os los dije?» exclamé triunfalmente a mis empleados, y uno de ellos dijo: «Usted es increíble, señor Tesla; todo sale exactamente como usted lo predice».

Tan pronto como estos cabeza duras se sentaron, por supuesto que comencé de inmediato a ensalzar las características maravillosas de mi turbina, pero los portavoces me interrumpieron y dijeron:

«Sabemos todo acerca de esto, pero estamos aquí en una misión especial. Hemos formado una sociedad psicológica para la investigación de los fenómenos psíquicos y queremos que se nos una en esta empresa».

Supongo que esos ingenieros nunca supieron lo cerca que estuvieron de ser despedidos de mi oficina.

Desde que algunos de los más grandes hombres de la época, líderes en ciencias cuyos nombres son inmortales, me dijeron que poseo una mente inusual, volqué todas mis facultades de pensamiento hacia la solución de grandes problemas sin importar el sacrificio.

Durante muchos años me propuse resolver el enigma de la muerte, y observaba ansiosamente cualquier tipo de indicación espiritual. Pero solo una vez en el curso de mi existencia tuve una experiencia que, momentáneamente, me impresionó como sobrenatural.

Fue en el momento de la muerte de mi madre. El dolor y la larga vigilia me habían agotado por completo, y una noche me llevaron a un edificio a unas dos cuadras de nuestra casa. Mientras estaba allí, indefenso, pensé que si mi madre moría mientras estaba lejos de su cama, seguramente me daría una señal.

Dos o tres meses antes había estado en Londres, en compañía de mi difunto amigo Sir William Crookes, mientras discutía acerca del espiritismo, y estaba bajo el total dominio de estos pensamientos. Puede que no prestase atención a otros, pero era susceptible a los argumentos de Sir William, pues había sido su trabajo de la época sobre materia radiante —que yo había leído de estudiante— el que me había hecho abrazar la carrera eléctrica.

Reflexioné que las condiciones para una «mirada al más allá» eran muy favorables pues mi madre era una mujer de gran genio y era particularmente sobresaliente en sus poderes de la intuición. Durante toda la noche, todas las fibras de mi cerebro se tensaron en expectativa, pero nada sucedió hasta muy temprano en la mañana, cuando me quedé dormido, o tal vez fue un desmayo, y vi una nube con figuras angelicales de maravillosa belleza, una de las cuales me miró amorosamente y gradualmente asumió los rasgos de mi madre. La aparición flotó lentamente por la habitación y se desvaneció, y fui despertado por el sonido indescriptiblemente dulce de muchas voces que cantaban.

En ese instante me invadió una certeza, que no puedo expresar con palabras, de que mi madre acababa de morir. Y eso era verdad. No pude entender el tremendo peso de este doloroso conocimiento que recibí por adelantado, y escribí una carta a Sir William Crookes mientras aún estaba bajo el dominio de estas impresiones y con mala salud física.

Cuando me recuperé, busqué durante mucho tiempo la causa externa de esta extraña manifestación y, para mi gran alivio, lo logré después de muchos meses de esfuerzos infructuosos.

Había visto la pintura de un artista célebre, representando alegóricamente una de las estaciones en forma de nube con un grupo de ángeles que parecían flotar en el aire, y esto me había impactado fuertemente.

Fue exactamente lo mismo que apareció en mi sueño, con la excepción de la imagen de mi madre. La música había provenido del coro de una iglesia cercana en la misa de la mañana de Pascua. Todo fue explicado satisfactoriamente de acuerdo con los hechos científicos.

Esto ocurrió hace mucho tiempo, y nunca he tenido la más mínima razón para cambiar mis puntos de vista sobre los fenómenos psíquicos y espirituales, para los cuales no hay absolutamente ningún fundamento. La creencia en estos es el crecimiento natural del desarrollo intelectual. Los dogmas religiosos ya no son aceptados en su significado ortodoxo, pero cada individuo se aferra a la fe en un poder supremo de algún tipo.

Todos debemos tener un ideal para gobernar nuestra conducta y asegurar nuestra satisfacción personal, pero es irrelevante si este ideal es uno de credo, arte, ciencia o cualquier otra cosa, siempre y cuando cumpla la función de una fuerza desmaterializadora.

Es esencial para la existencia pacífica de la humanidad en su conjunto que una concepción común prevalezca.

Si bien no he obtenido ninguna evidencia en apoyo de las afirmaciones de los psicólogos y espiritistas, he demostrado a mi entera satisfacción el automatismo de la vida, no solo a través de observaciones continuas de acciones individuales, sino incluso de manera más concluyente a través de ciertas generalizaciones.

Estas son un descubrimiento que considero de gran importancia para la sociedad humana, tema en el cual me detendré brevemente.

Tuve el primer indicio de esta asombrosa verdad cuando aún era muy joven, pero durante muchos años interpreté lo que noté simplemente como coincidencias. Es decir, cada vez que yo mismo o una persona a la que estaba vinculado, o una causa a la que estaba dedicado, era perjudicada por otros de una manera particular, que podría ser mejor caracterizada popularmente como la «más injusta imaginable», experimenté un singular e indefinible dolor que, por falta de un término mejor, he calificado de "cósmico" y poco después, e invariablemente, los que me lo habían infligido, sufrían.

Después de muchos de estos casos, confié estas observaciones a varios amigos, que tuvieron la oportunidad de convencerse de la verdad de la teoría que formulé gradualmente y que se puede expresar con las siguientes palabras:

Nuestros cuerpos tienen una construcción similar y están expuestos a las mismas influencias externas. Esto da como resultado la similitud de respuesta y la concordancia de las actividades generales en las que se basan todas nuestras reglas y leyes sociales y de otro tipo.

Somos autómatas controlados por completo por las fuerzas del medio que nos mueven como corchos sobre el agua, pero confundimos el resultado de los impulsos del exterior con el libre albedrío.

Los movimientos y otras acciones que realizamos tienden siempre a conservar o preservar la vida y aunque parecemos ser bastante independientes unos de otros, estamos conectados por enlaces invisibles.

En tanto el organismo esté en perfecto orden, responde con precisión a los agentes que lo provocan, pero en el momento en que existe algún trastorno en cualquier individuo, su poder de auto conservación se ve afectado.

Todo el mundo entiende, por supuesto, que si uno se vuelve sordo, si su vista se debilita o si sus extremidades se lesionan, las posibilidades de continuar su existencia disminuyen. Pero esto también es cierto, y tal vez más, con ciertos defectos en el cerebro que privan al autómata, en mayor o menor medida, de esa cualidad vital y hacen que se precipite hacia la destrucción.

Un ser muy sensible y observador, con su mecanismo altamente desarrollado intacto, y actuando con precisión en obediencia a las condiciones cambiantes del entorno, está dotado de un sentido mecánico trascendente, que le permite evadir peligros demasiado sutiles para ser percibidos directamente. Cuando entra en contacto con otros cuyos órganos de control son radicalmente defectuosos, ese sentido se afirma y siente el dolor «cósmico».

La verdad de esto se ha confirmado en cientos de casos y estoy invitando a otros estudiantes de la naturaleza a que presten atención a este tema, creyendo que se lograrán resultados de esfuerzos combinados y sistemáticos de valor incalculable para el mundo.

La idea de construir un autómata, para confirmar mi teoría, se me presentó temprano, pero no comencé a trabajar activamente en esto hasta 1893, cuando comencé mis investigaciones inalámbricas. Durante los dos o tres años siguientes, construí una serie de mecanismos automáticos, que podían activarse a distancia, y los expuse a los visitantes en mi laboratorio. Sin embargo, en 1896, diseñé una máquina completa capaz de realizar multitud de operaciones, pero la finalización de mis labores se retrasó hasta fines de 1897.

Esta máquina se ilustró y describió en mi artículo en Century Magazine de junio de 1900, y en otras publicaciones periódicas de ese tiempo y, cuando se mostró por primera vez a principios de 1898, creó una sensación como ninguna otra invención mía había producido nunca.

En noviembre de 1898, se me otorgó una patente básica sobre la novedosa tecnología, pero esto sucedió solo después de que el Examinador en Jefe de Patentes viniera a Nueva York y presenciara su funcionamiento, pues lo que yo afirmaba haber logrado parecía increíble.

Recuerdo que cuando más tarde llamé a un funcionario de Washington para que ofreciera el invento al gobierno, se echó a reír cuando le conté lo que había logrado. ¡Nadie pensó entonces que existía la más mínima posibilidad de perfeccionar un dispositivo así!

Es desafortunado que, en esta patente, siguiendo el consejo de mis abogados, indiqué que el control se había efectuado a través de un solo circuito y por medio de una forma muy conocida de detector, debido a que aún no había asegurado las patentes de protección de mis métodos y aparatos de individualización.

De hecho, en realidad todo era controlados mediante la acción conjunta de varios circuitos, lográndose excluir interferencias de todo tipo.

En general, empleé circuitos de recepción en forma de bucles, incluidos condensadores, porque las descargas de mi transmisor de alta tensión ionizaron el aire en el salón, de modo que incluso una antena muy pequeña podía obtener electricidad de la atmósfera circundante durante horas.

Solo para dar una idea, descubrí, por ejemplo, que una bombilla de 12 pulgadas de diámetro, con un solo terminal al que se conectaba un cable corto, emitiría bien hasta mil destellos sucesivos antes de que se neutralizara la carga del aire del laboratorio.

El receptor con forma de bucle no era sensible a tal perturbación y es curioso notar que se está volviendo popular en esta fecha tardía. En realidad, acumula mucha menos energía que las antenas o un cable largo con conexión a tierra, pero elimina una serie de defectos inherentes a los dispositivos inalámbricos actuales.

Al demostrar mi invento ante el público, se pidió a los visitantes que hicieran cualquier pregunta, sin importar lo que estuviera involucrado, y el autómata les respondería con signos. En ese momento se consideró esto como magia, pero era extremadamente simple, ya que era yo quien daba las respuestas por medio del dispositivo.

En el mismo período se construyó otro bote teleautomático[11] más grande.

Se controló mediante bucles, con varias colocadas en el casco, completamente herméticas y capaces de sumergirse.

El aparato fue similar al utilizado en el primer experimento, con la excepción de ciertas características especiales que presenté como, por ejemplo, lámparas incandescentes que proporcionaban evidencia visible del correcto funcionamiento de la máquina.

Estos autómatas, controlados dentro del rango de visión del operador, fueron, sin embargo, los primeros pasos,

---

[11] A control remoto, en términos modernos. N de T. Una foto del mismo fue publicado en la revista El Experimentador Eléctrico.

bastante toscos, en la evolución de la tecnología de la Teleautomática, tal como yo lo había concebido.

La siguiente mejora lógica fue su aplicación a mecanismos automáticos más allá de los límites de la visión y a gran distancia del centro de control, y desde entonces he defendido su empleo como instrumentos de guerra con preferencia a las armas. La importancia de esto ahora parece ser reconocida, si tengo que juzgar por los anuncios casuales a través de la prensa de los logros que se dice que son extraordinarios pero que no tienen ningún mérito de novedad, sea lo que sea.

De manera imperfecta, es factible, con las plantas inalámbricas existentes, lanzar un avión, hacer que siga un cierto curso aproximado y que realice alguna operación a una distancia de muchos cientos de millas. Una máquina de este tipo también puede ser controlada mecánicamente de varias maneras y no tengo dudas de que puede resultar de alguna utilidad en la guerra. Pero, según lo que conozco, no existen instrumentos existentes en la actualidad con los cuales tal objetivo pueda lograrse de manera precisa. [12]

He dedicado años de estudio a este asunto y he desarrollado medios, haciendo que tales, y aún más grandes maravillas, sean fácilmente realizables.

Como se dijo en una ocasión anterior, cuando estudiaba en la universidad, concebí una máquina voladora bastante diferente a las actuales. El principio subyacente era sólido, pero no podía llevarse a la práctica por falta de un motor principal de actividad suficientemente grande.

En los últimos años, he resuelto este problema con éxito y ahora estoy planeando máquinas aéreas sin alas, alerones, hélices y otros accesorios externos sostenibles, que serán

---

[12] Una descripción completa y muy detallada del funcionamiento de los drones. No perdamos de vista que Tesla ya tenía perfeccionado el mecanismo hace exactamente un siglo.

capaces de alcanzar velocidades inmensas y es muy probable que presenten poderosos argumentos para la paz en el futuro cercano. Dicha máquina, sostenida y propulsada en su totalidad por reacción, se supone que debe controlarse mecánicamente o mediante energía inalámbrica.

Al instalar plantas adecuadas, será factible proyectar un misil de este tipo en el aire y dejarlo caer casi en el lugar designado, que puede estar a miles de kilómetros de distancia.

Pero no vamos a detenernos aquí. Se producirán en última instancia, telautómatas capaces de actuar como si poseyeran su propia inteligencia, y su advenimiento creará una revolución. Ya en 1898 propuse a los representantes de una gran empresa manufacturera la construcción y exhibición pública de un carruaje-automóvil que, dejándolo solo, realizaría gran variedad de operaciones que involucraban algo similar al juicio. Pero mi propuesta fue considerada quimérica en ese momento y nada salió de ella.

En la actualidad, muchas de las mentes más hábiles están tratando de idear recursos para evitar una repetición del terrible conflicto que solo teóricamente ha terminado, y cuya duración y principales cuestiones predije correctamente en un artículo publicado en el Sun del 20 de diciembre de 1914.

La Liga de Naciones propuesta no es un remedio, sino que, por el contrario, en opinión de varios hombres competentes, puede producir resultados justo lo contrario. [13]

Es particularmente lamentable que se adoptara una política punitiva para enmarcar los términos de la paz, porque en unos pocos años será posible que las naciones luchen sin ejércitos, barcos o armas, con armas mucho más terribles,

---

[13] Entre ellos, John Maynard Keynes, quien en un libro de esas fechas predijo que, las medidas punitivas contra Alemania eran tan devastadoras, que en pocos años ocurriría una nueva guerra. Efectivamente, el sufrimiento alemán de los años 20 fue lo que llevó al surgimiento de Hitler y el Tercer Reich Nazi. Tesla y Keynes tenían razón. N. de T.

para cuya acción destructiva y rango prácticamente no hay límite.

Una ciudad, a cualquier distancia del enemigo, puede ser destruida por él y ningún poder en la tierra puede impedirle hacerlo. Si queremos evitar una calamidad inminente y un estado de cosas que pueden transformar este globo terráqueo en un infierno, deberíamos impulsar el desarrollo de máquinas voladoras y la transmisión inalámbrica de energía sin demora instantánea y con todo el poder y los recursos de la nación.

FIN

BIBLIOTECA DEL ÉXITO

LOS MEJORES CLÁSICOS DE ÉXITO Y NEGOCIOS

Disponibles en sus versiones individuales, o como parte de los volúmenes. Cada uno se estará publicando en una versión bilingüe, su original en inglés junto a su traducción. Nuestra colección crece continuamente con los mejores clásicos de superación personal, motivación y negocios

VOL. 1. ORISON SWETT MARDEN

PROSPERIDAD COMO ATRAERLA

PIENSA QUE PUEDES LOGRARLO ¡Y PODRÀS!

LA ALEGRÍA DE VIVIR

VOL. 2. ORISON SWETT MARDEN

EL MILAGRO DEL PENSAMIENTO CORRECTO

VOLUNTAD DE HIERRO

AMBICIÓN Y ÉXITO

PEQUEÑOS DIAMANTES DE ÉXITO

VOL. 3. ORISON SWETT MARDEN

EL PODER DEL PENSAMIENTO

LA VIDA OPTIMISTA

SE BUENO CONTIGO MISMO

VOL. 4. ORISON SWETT MARDEN

SIEMPRE ADELANTE

AYUDATE A TI MISMO

IDEALES DE DICHA

VOL. 5. WALLACE D. WATTLES

LA CIENCIA DE HACERSE RICO

LA CIENCIA DE SER EXTRAORDINARIO

COMO OBTENER LO QUE QUIERES

UN NUEVO CRISTO

VOL. 6. FLORENCE SCOVELL SHINN

LAS FACULTADES SUPERIORES
EL CREDO DEL CAMINANTE

VOL. 16. MAURICIO CHAVES

DOCE LEYES DE LOS GRANDES EMPRESARIOS
PIENSA ÉXITO
¡EL ARTE DE HACER DINERO!, P.T. BARNUM

VOL. 17. CHARLES F. HAANEL

EL SISTEMA DE LA LLAVE MAESTRA, CHARLES HAANEL
QUÍMICA MENTAL
LA NUEVA PSICOLOGÍA

VOL. 18. T. TROWARD / G. BERNHEND

TU PODER INTERIOR, THOMAS TROWARD
TU PODER INVISIBLE, GENEVIEVE BERNHEND
COMO VIVIR LA VIDA, ¡Y AMARLA! GENEVIEVE BERNHEND

VOL. 19

LA VIDA IMPERSONAL, JOSEPH BENNER
LECCIONES EN LA VERDAD, H. EMILIE CADY
METODOS PARA LOGRAR EL ÉXITO, JULIA SETON

VOL. 20

ORACULO MANUAL Y ARTE DE LA PRUDENCIA, BALTASAR GRACIÁN
COMO VIVIR EN 24 HORAS AL DÍA, ARNOLD BENNETT
LOS DÓLARES ME QUIEREN, HENRY HARRISON BROWN

VOL. 21

PIENSE Y HÁGASE RICO, NAPOLEÓN HILL
LA MENTE CREATIVA Y EL ÉXITO. ERNEST HOLMES
TUS FUERZAS Y COMO USARLAS, CHRISTIAN D. LARSON

VOL. 22

AUTOBIOGRAFIA DE UN YOGUI, PARAMAHANSA YOGANANDA
AUTOBIOGRAFIA, BENJAMIN FRANKLIN
AUTOBIOGRAFIA DE NIKOLA TESLA
MEDITACIONES, MARCO AURELIO

VOL. 23

LA CONFIANZA EN UNO MISMO, RALPH WALDO EMERSON
ACRES DE DIAMANTES, RUSSELL CROMWELL
EL PROFETA, KHALIL GIBRAN
EL PRINCIPITO, ANTOINE DE SAINT EXUPÉRY

VOL. 24. EL METODO COUÉ

AUTOSUGESTIÓN CONSCIENTE PARA EL DOMINIO PROPIO, E. COUE
SUGESTIÓN Y AUTOSUGESTIÓN, CHARLES BAUDOIN
LA PRÁCTICA DE LA AUTOSUGESTIÓN POR EL MÉTODO DE E. COUÉ.

VOL. 25.

LECCIONES PRELIMINARES DE FILOSOFÍA, MANUEL GARCÍA MORENTE
CRÍTICA DE LA RAZÓN PRÁCTICA, EMANUEL KANT
EXAMEN DE INGENIOS PARA LAS CIENCIAS, JUAN HUARTE DE SAN JUAN

BIBLIOTECA ESPIRITUAL Y ESOTÉRICA

LOS MEJORES CLÁSICOS ESPIRITUALES, ESOTÉRICOS, DE OCULTIMO Y FILOSOFÍA ORIENTAL

APÓCRIFA
EL LIBRO DE ENOC
EL LIBRO DE JUBILEOS

ATLÁNTIDA
LA HISTORIA DE LA ATLÁNTIDA Y LA PERDIDA LEMURIA. W. SCOTT ELLIS
ATLANTIDA: EL MUNDO ANTEDILUVIANO. IGNATIUS DONNELLY.
LOS CONTINENTES SUMERGIDOS DE ATLANTIDA Y LEMURIA. RUDOLF STEINER

H. P. BLAVATSKY
LA DOCTRINA SECRETA
ISIS SIN VELO

WILLIAM Q. JUDGE
EL OCÉANO DE LA TEOSOFÍA
ECOS DEL ORIENTE
UN EPÍTOME DE LA TEOSOFÍA

BUDISMO ESOTÉRICO. **A. P. SINNETT**

EL MUNDO OCULTO. **A. P. SINNETT**

BHAGAVAD GITA (TRADUCCIÓN). **JOSÉ ROVIRALTA-BURRELL.**

PARACELSO: VIDA Y DOCTRINAS. **FRANZ HARTMANN**

EL CONDE DE SAINT GERMAIN. **ISABEL COOPER-OAKLEY**

CONSCIENCIA CÓSMICA. **RICHARD MAURICE BUCKE**

LAS SOCIEDADES SECRETAS DE TODAS LAS EDADES Y PAÍSES V. 1.
CHARLES WILLIAM HECKETHORN

LA VIDA DESCONOCIDA DE JESUCRISTO. **NICHOLAS NOTOVICH**

EL MISTERIO DE LAS CATEDRALES. **FULCANELLI**

¡Y muchos otros volúmenes en preparación!

MAURICIO CHAVES.

Este versátil autor, abogado, master en finanzas y empresario, no sólo se ha destacado como traductor de docenas de libros de motivación (al punto que se le ha denominado "*el traductor del éxito*"), así como en esoterismo y literatura (incluyendo 15 novelas de Julio Verne), sino como uno de los autores favoritos de nuestros lectores, con sus libros sobre empresas y éxito:

12 Leyes de los Grandes Empresarios. Tener su propia empresa es el sueño de muchos; pero existen reglas básicas para que no se vuelva pesadilla. El autor comparte veinte años de experiencia al frente de sus empresas, y de forma sencilla expone sus leyes –muchas aprendidas con dolor-, para crear empresas exitosas.

Piensa Éxito. Éxito no es sólo acumular grandes fortunas; sino tener grandes sueños ¡y cumplirlos! Este libro extraordinario nos enseña a soñar, pero también, a ponernos metas claras y a elaborar planes concretos, creyendo en nosotros y en la gran capacidad que tenemos (que muchos se empeñan en negar). Considerado por muchos su libro favorito sobre el éxito.

CABALLEROS DE NOSTRADAMUS: LA SAGA DEL APOCALIPSIS

Disponibles siete novelas de esta fascinante historia creada por Mauricio Chaves Mesén, cuyo estilo trepidante, original y sobrecogedor lo han convertido en el autor favorito de muchos. Chaves es una de las voces a la vanguardia de una nueva literatura latinoamericana cuya temática ya no se limita a situaciones locales, y cuyo escenario es el planeta.

Conforme nos adentramos en este universo verosímil en el cual las fronteras entre la realidad y la fantasía se entremezclan, encontramos conspiraciones, secretos milenarios, antiguos misterios, y profecías del fin de la civilización tal y como lo conocemos

Las historias entretejidas nos revelan las vidas pasadas y presentes de personajes históricos como Nostradamus, Da Vinci, Julio Verne, Maquiavelo, el Conde de Saint Germain, Isaac Newton y otros, que han sobrevivido hasta nuestros días con una única misión: evitar el apocalipsis que ellos mismos han profetizado, y cuya visión los ha atormentado por siglos. Para ello contarán con la ayuda de un ecléctico grupo de individuos ordinarios (aunque solo en apariencia), quienes se unirán para tratar de evitar el fin de la humanidad...

Cada novela es una pieza de un gran rompecabezas, que aunque tiene sentido individualmente, como parte del conjunto es mucho más de lo que aparenta revelar.

Círculo de Poder (Caballeros de Nostradamus I). Luego del asesinato de un Embajador en Roma, Ricardo Díaz, su primo y mejor amigo, un hombre sin deseos de vivir, es enviado para encontrar respuestas. Lo que encuentra, sin embargo, es una conspiración internacional de proporciones inimaginables encaminada a cambiar las estructuras del poder mundial, basada en las profecías de Nostradamus y en los secretos de Leonardo Da Vinci...

La Pirámide del Apocalipsis (Caballeros de Nostradamus

II). Muchos años después del 2012 (cuando el inconsciente colectivo estuvo dominado por el temor al apocalipsis y a las profecías mayas), las cosas parecieron volver a la *normalidad*. Sin embargo, eventos que iniciaron entonces están por alcanzar su clímax guiados por manos poderosas y llenas de ambición.... En París, J.C. Perrier, billonario heredero del Conde de Saint Germain, está por cumplir su destino. En Sudán, una antropóloga desaparece en una excavación, al tiempo que un famoso arqueólogo es asesinado en Costa Rica tras revelar a un discípulo su misión ancestral derivada de un medallón y una tableta de arcilla...

La Profecía de Da Vinci (Caballeros de Nostradamus III). Nos reencontramos con personajes familiares de las dos primeras novelas, reunidos por el destino para enfrentar un misterio que no para de crecer. Ahora deberán buscar a una niña mencionada por un oscuro profeta cinco siglos antes, que parece ser la clave para el futuro. Nostradamus, el Conde de Saint Germain, Leonardo Da Vinci, vuelven en esta novela impredecible, que mantendrá al lector atado al libro hasta llegar a su inesperado clímax...

La Visión de Verne (Caballeros de Nostradamus IV) Julio Verne y sus novelas proféticas sobre el fin del mundo se une al grupo que lucha por preservar la civilización como la conocemos. Tras un atentado, un hombre huye de París para reencontrarse con su pasado; en Dubái se revelan los secretos del cáliz de los profetas, una copa de bronce que no es lo que parece; en San Petersburgo, Rusia, un grupo de científicos descubre lo que ocultan unas esferas de piedra aparecidas en Costa Rica; mientras que en el resto del mundo, el tiempo para detener el Armagedón se agota...

El Manuscrito Médici (Caballeros de Nostradamus V) En México, tras un violento terremoto que sacude la Gran Pirámide de Cholula, sus entrañas revelan un gran secreto. En el Vaticano sale a la luz un manuscrito dictado por un supuesto gigante al primero de los Médici, origen de la enorme fortuna y poder de esa familia Florentina, y confirmación de una gran conspiración con miles de años de antigüedad... En la catedral de Cracovia se encuentra un raro artefacto ... ¡y en Washington D.C. sale a la luz un maquiavélico grupo que busca provocar el Apocalipsis.

El Oráculo de la Atlántida (Caballeros de Nostradamus VI) En el Atlántico, cerca de Cabo Verde, la oceanógrafa Marilyn Jones, obsesionada con la Atlántida desde niña, hace un espectacular descubrimiento... En Washington D.C., Vida Jiménez, una genial historiadora experta en religiones es contactada por un poderoso senador americano para investigar secretos familiares... En Italia, el escritor Antonio Vivaldi se enfrenta al *Cáliz de los Profetas* llegado a sus manos... En Bolonia, Hans Andersen III, experto en cultura Inca, recibe un video revelador... Y en España, Juan Sánchez Navarro, joyero y traficante de arte, continua involucrándose en un misterio que no entiende, pero en el cual se hunde cada vez más profundo... Manteniendo el suspenso y emoción de las novelas anteriores, la trama continua el misterio de la quinta: la existencia de un grupo que insiste en causar el exterminio total de la humanidad...

La Traición de Maquiavelo (Caballeros de Nostradamus VII). A horas del fin, los grupos que tratan de purificar el mundo de la mano de las ideas de Maquiavelo -destruyéndolo para supuestamente dar un paso adelante en su evolución - enfrentarán a quienes creen que a pesar de sus defectos, la humanidad merece una oportunidad... Las sincronicidades harán converger los caminos de este enorme grupo de personajes fascinantes en las misiones que cada uno, a su manera, considera sagradas.

También disponibles en dos trilogías, tanto en físico como electrónico:

CABALLEROS DE NOSTRADAMUS PRIMERA TRILOGIA: Círculo de Poder, La Pirámide del Apocalipsis, La Profecía de Da Vinci.

CABALLEROS DE NOSTRADAMUS SEGUNDA TRILOGIA: La Visión de Verne, El Manuscrito Médici, El Oráculo de la Atlántida.

www.ingramcontent.com/pod-product-compliance
Lightning Source LLC
Chambersburg PA
CBHW021446210526
45463CB00002B/653